高职高专艺术设计专业规划教材·视觉传达

WEB
DESIGN

网页设计

庞素　张绍江　编著

中国建筑工业出版社

图书在版编目（CIP）数据

网页设计 /庞素，张绍江编著. —北京：中国建筑工业出版社，2015.8
高职高专艺术设计专业规划教材·视觉传达
ISBN 978-7-112-18297-8

I. ①网… II. ①庞…②张… III. ①网页制作工具–高等职业教育–教材
IV. ①TP393.092

中国版本图书馆CIP数据核字（2015）第164407号

本书针对网页设计中的logo设计、按钮设计、banner设计、导航设计及整体的网页制作进行系统讲解。教材中使用项目案例教学，使学习者可以真实、直观地进行学习。书中讲解了DreamweaverCS4 和 PhotoShopCS5软件的各项核心技术和内容精髓，为读者奉上了经典的技能案例和 200 余张全程图解，帮助读者从零基础开始精通软件，快速地掌握网页设计的基本知识。本书共分为五个项目，内容涵盖了网页的基本元素设计、网页设计，以及如何将 HTML 语言和 CSS 层叠样式表综合应用进行网页布局等内容。

本书是一本适用于高职高专艺术设计专业学生实训教学的教材。同时也对具有一定 Dreamweaver 和 PhotoShop 基础的网页设计与制作人员、网站建设与开发人员、网页制作培训班学员和个人网站爱好者有一定的学习参考价值。

责任编辑：李东禧　唐　旭　陈仁杰　吴　绫
责任校对：刘　钰　刘梦然

高职高专艺术设计专业规划教材 · 视觉传达
网页设计
庞素　张绍江　编著
*
中国建筑工业出版社出版、发行（北京西郊百万庄）
各地新华书店、建筑书店经销
北京嘉泰利德公司制版
北京方嘉彩色印刷有限责任公司印刷
*
开本：787×1092毫米　1/16　印张：9　字数：208 千字
2015 年 8 月第一版　2015 年 8 月第一次印刷
定价：**59.00**元
ISBN 978-7-112-18297-8
　　　　（27555）

序

　　2013 年国家启动部分高校转型为应用型大学的工作，2014 年教育部在工作要点中明确要求研究制订指导意见，启动实施国家和省级试点。部分高校向应用型大学转型发展已成为当前和今后一段时期教育领域综合改革、推进教育体系现代化的重要任务。作为应用型教育最基层的众多高职、高专院校也会受此次转型的影响，将会迎来一段既充满机遇又充满挑战的全新发展时期。

　　面对众多研究型高校转型为应用型大学，高职、高专作为职业技术的代表院校为了能够更好地迎接挑战，必须努力提高自身的教学水平，特别要继续巩固和加强对学生操作技能的培养特色。但是，当前职业技术院校艺术设计教学中教材建设滞后、数量不足、种类不多、质量不高的问题逐渐显露出来。很多职业院校艺术类教材只是对本科教材的简化，而且均以理论为主，几乎没有相关案例教学的内容。这是一个很大的问题，与当前学科发展和宏观教育发展方向是有出入的。因此，编写一套能够符合时代发展需要，真正体现高职、高专艺术设计教学重动手能力培养、重技能训练，同时兼顾理论教学，深入浅出、方便实用的系列教材就成为了当务之急。

　　本套教材的编写对于加快国内职业技术院校艺术类专业教材建设、提升各院校的教学水平有着重要的意义。一套高水平的高职、高专艺术类教材编写应该有别于普通本科院校教材。编写过程中应该重点突出实践部分，要有针对性，在实践中学习理论，避免过多的理论知识讲授。本套教材邀请了众多教学水平突出、实践经验丰富、专业实力雄厚的高职、高专从事艺术设计教学的一线教师参加编写。同时，还吸纳很多企业一线工作人员参加编写，这对增加教材的实用性和实效性将大有裨益。

　　本套教材在编写过程中力求将最新的观念和信息与传统知识相结合，增加全新案例的分析和经典案例的点评，从新时代的角度探讨了艺术设计及相关的概念、方法与理论。考虑到教学的实际需要，本套教材在知识结构的编排上力求做到循序渐进、由浅入深，通过大量的实际案例分析，使内容更加生动、易懂，具有深入浅出的特点。希望本套教材能够为相关专业的教师和学生提供帮助，同时也为从事此专业的从业人员提供一套较好的参考资料。

　　目前，国内高职、高专艺术类教材建设还处于起步阶段，还有大量的问题需要深入研究和探讨。由于时间紧迫和自身水平的限制，本套教材难免存在一些问题，希望广大同行和学生能够予以指正。

总主编　魏长增

2014 年 8 月

前　言

随着科技的飞速发展，人们对于信息的获取方式在不断地演变，传统的新闻、广播、电视、报纸等已经不能完全满足人们对信息快速、全面、实用的多方面新要求，而网络在很大程度上逐渐取代了以往传统的媒体，以更快速的方式展现给人们最新最全面的信息。因此，网络快速地走进了千家万户，而网页设计也成了时下热门的设计课程。

网页设计，其中涉及许多设计类别，如：logo 设计、ui 设计、版式设计等，都需要设计者们对此有一定的掌握。现在出版的网页设计相关书籍大多是教程类，实例较多，但没有讲授如何针对网页的各个组成部分去进行设计。本书针对网页设计中涉及的 logo 设计、按钮设计、banner 设计、导航设计和整体网页的制作进行了完整的阐述，结合理论知识，运用实例项目，从实际案例入手，讲解细致，步骤详尽，力求使读者在阅读本书之后能够快速地掌握如何设计和如何制作网页的相关知识和操作技能。本书的特色在于对网页中所涉及的设计知识分块进行逐步讲解，使读者可一步步地掌握设计要领，最终设计出完整的网页。并在本书的最后一章向同学们讲授 HTML 语言的基本语法格式和标签使用、CSS 层叠样式表的语法格式和基本属性功能等内容，并讲解如何通过使用 Dreamweaver CS4 网页编辑软件将它们综合运用，进行基本网页的制作。

在内容的编排上，按照项目教学方式进行划分。本书共分为五个项目，具体内容及建议学时分配如下：

项目序号	主要内容	建议学时
项目一	网站中的 logo 的设计与制作	8
项目二	网页中按钮的设计与制作	8
项目三	网页中 banner 的设计与制作	8
项目四	网页中导航的设计与制作	8
项目五	网页的制作	28

其中每个项目从：学什么、如何设计、如何制作三个方面进行讲解，让读者看得明白、学得清楚。

在编写过程中，每位编写人员都发挥了极其重要的作用，付出了努力，对于书中的每个难点、要点都进行了详细且深入地讲解和推敲，并进行了繁复的校对与修改，在此也感谢李井老师对本书校对等工作的支持和帮助。

　　本书由庞素、张绍江编著。其中庞素编写项目一至项目四，共108640字，张绍江编写项目五，共99360字。由于教学讲解所需，书中引用了部分企业的网页设计内容，在此表示非常感谢。由于时间仓促及作者水平所限，书中难免出现疏漏和不当之处，敬请广大读者批评指正。

目　录

概　述

随着社会和科学技术的发展,互联网正处于快速发展的阶段,正不断地进行着优化和革新。互联网的出现本身就是一个划时代的奇迹,网页作为其中最为重要的载体,成了信息时代的缩影,相关的设计与技术随着信息共享的发展一起推动着时代的进步。

通过下面这张信息图,大家可以沿着时间轴来大概了解一下网页设计的进程（图 0-1）。

图 0-1　网页设计的发展

　　自 20 世纪 90 年代初第一个网站诞生以来，从早期的网页完全由文本构成，到由一些小图片和标题段落组成，接着出现了表格布局、Flash、然后是 CSS 的网页设计，网页设计经历了二十多年的进化，也跟随着时代的发展而不断进步。

　　1991 年 8 月，Tim Berners-Lee 发布了第一个简单的，基于文本，包含几个链接的网站。随后的网页也都比较相似，完全基于文本，单栏设计，加入一些链接等，其原因是因为最初版本的 HTML 只支持基本的内容结构，如：标题（<h1>，<h2>...）、段落（<p>）和链接（<a>）。随后出现新版本的 HTML 开始允许在页面上添加图片（<img>），支持制作表格（<table>）。1994 年，W3C（万维网联盟）成立，将 HTML 确立为网页开发的标准标记语言。随后的网页布局基本基于表格，页面视觉效果主要基于 Flash。直到 21 世纪初，基于 CSS 的网页设计理念开始受到关注，与表格布局和 Flash 网页相比，CSS 可以将网页的内容和外观样式相分离，它在极大地避免了标签混乱的同时还创造了简洁并语义化的网页布局方式，使得网页设计和网站维护更加简便。

　　网页设计是网站平台建设的关键内容，在中国网站设计人员最早是由技术型人才担任此项任务，随着中国互联网的发展，网站的竞争使得网站策划者的地位显著，许多处于领军地位的网站都具有清晰的网站策划思路和优美的界面，网页的设计形式也更加的多元化，因此，许多设计专业出身的人员加入到了网页设计的队伍中。

　　网页设计课程主要着重培养学生能够具备网页设计与开发的能力，它从设计和开发两个方面来进行人才培养。主要讲授网页中 LOGO、Banner、按钮、导航条和整体网页的设计，以及如何使用 HTML 和 CSS 将设计出的网页元素进行整合、开发，是涉及设计和计算机语言开发等领域的综合性应用课程。

　　近年来不但大型的企业和机构建立自己的网站、利用互联网开展业务、推广营销并树立品牌形象，很多个人也在网上建立自己的主页彰显自我，网页中传达的每一种颜色，每一个版式，每一个按钮和文字的组合都向阅读者传递着一种感觉，只有设计好出色的网页，才能传递给人们更好的体验感觉。这使得网页设计成为数字媒体时代热门的专业之一。

项目一　网页中 logo 的设计与制作

项目任务

网站中 logo 的设计与制作，需完成以下任务：

1）理解 logo；

2）学习 logo 的设计手法；

3）掌握 logo 的基本设计技巧；

4）设计出有创意的 logo 作品；

5）用 PhotoShop 软件制作 logo。

通过讲授使学生能够快速、准确地理解什么是 logo，并掌握一定的设计技巧和设计手法，设计出符合要求的 logo 作品。

使用软件：Adobe PhotoShop。

重点与难点

1）理解 logo 的定义；

2）理解 logo 的作用；

3）运用正确的设计手法设计 logo；

4）将创意融入 logo 设计中；

5）掌握 PhotoShop 中的工具技能。

建议学时

8 学时。

1.1 理解 logo

提到 logo，我们会不约而同地想起那几个著名的图形，比如 NIKE 的对勾图案、苹果公司被咬了一口的苹果图案和 Chanel 的双 C 图案等。其实很久以前 logo 就作为一种独特的传播视觉文化的形式出现了，据考证在两千多年前的楚国就已经出现了现代所谓的 logo 标志，那是楚国曾侯乙墓陪葬的一只戟上的"曾"字图标，可见，logo 并不是现代社会才出现的新兴产物。

其实无论是代表古代西方国家家族的家徽图形、中国彰显社会地位的龙纹，还是现代的抽象图标、简单字体标志，都彰显着 logo 的意义：通过图标进行识别和区别、引申联想、促进被标识体与视觉对象的沟通，从而确立被标识体的认知，提高认知度和美誉度的效果。而身处信息时代的今天，网络中的 logo 设计又是怎样的？要想了解网络中的 logo 设计，就必须要了解 logo 的定义与 logo 的作用。

1.1.1 logo 的定义

Logo 设计也可以称为标志设计，它是具有特殊意义的视觉传达符号，代表着特定的事物，包含着特定的意义。

如同企业的商标一样，网站中的 logo 也就是整个网站的标志图案，是代表网站形象的图标。它以简单、明显、易识别的图形、文字或符号等作为直观的视觉表现语言。作为网站的 logo，其作用是便于该网站在因特网上进行传播。网站 logo 设计在国际上也有一个统一的标准，网站 logo 大小规定为 88 像素 ×31 像素，但是对企业或者组织机构的 logo 通常不限定大小，因此 logo 的设计有时候也可以更灵活一些，但是在"寸土寸金"的网页中，logo 的设计还是不要太大为妙。

1.1.2　logo 的作用

一个网站的 logo 如同一个企业的商标，然而商标也并不是凭空想象出的图形，它们都有属于自己的含义与想要表达的情感，比如 NIKE 的商标如（图 1-1），它不仅仅是一个简单的对勾形状，它象征的是胜利女神翅膀的轮廓，代表着速度、动感和轻柔，对勾造型简洁有力，让人有一种速度和爆发力的联想，这就是作为一个 logo 所表达出的含义和情感。logo 作为一种特殊图形符号，必须具备信息传播、保证信誉、树立形象、推销产品、加强文化交流、增强识别力等功能，它不是单独出现的艺术符号，而是一个机构系统形象识别的核心。

图 1-1　NIKE 商标

一个机构或品牌能够让大众识别，靠的是人类的感官，而标志的识别占据了人们的听觉（品牌的名称）和视觉两大感官。当我们提到麦当劳、NIKE、可口可乐等大型品牌时，脑海中往往跳出来的就是其品牌标志。著名的产品通过品质取得信誉，而 logo 则是用来保证这份信誉的，通过 logo 可以准确、迅速地识别出产品。Logo 就是将一个品牌所想要表达的内容和信息整合为一个符号，超越了语言和文字的限制。在当今这个信息社会、节奏飞快的社会中，没有什么能够比 logo 更简明、更直接、更清晰地去表达一个机构的形象和内涵了。

网站中的 logo 也是如此，作为网站的标志图案出现在整个网站的每一个页面上，是展现给浏览用户的第一印象。网站 logo 最重要的作用就是传达网站要呈现给用户的理念，方便用户识别，并且广泛应用于站点之间的连接和宣传等。因此，网站 logo 设计追求的是简洁明快的符号化的视觉形象，让用户对网站的形象和所要表达的理念留下深刻的印象。

1.2　logo 的设计手法

与其他平面设计原则相同，logo 的设计也要遵循人们的认知规律和视觉习惯，比如大小、上下、左右、远近、因果等规律；还需遵循大众的审美原则和审美能力，达到突出网站核心理念和抓住用户的眼球的目的。在突出网站核心理念这方面就要求设计者能够非常了解网站的定位和网站的价值，这样才能在一个小小的 logo 中体现出整个网站的核心理念。而如何抓住用户的眼球，就需要有非常棒的视觉效果和强大的视觉冲击力，才能使用户更加容易识别、区分和加深记忆。

设计是灵活的，logo 的设计手法也并没有明确的硬性规定，在这里为大家介绍一下通常使用的几种 logo 设计手法：卡通化方法、几何构成法和标识性方法。

1. 卡通化方法

所谓卡通化方法就是通过幽默和夸张的卡通形象作为 logo 设计的载体。现今社会注重情感的传递，卡通化的标志可以使企业或机构显得更加人性化，让品牌更具亲和力，更加贴近消费者的内心；同时卡通形象还可以提高产品的差异化，使之在同类的公司中能够脱颖而出；另外，卡通形象也成了该企业或组织机构的形象代言人，有着较高的性价比与传播性，可长期使用。我们身边最典型的卡通形象代言人莫过于海尔兄弟，如图 1-2 所示。海尔公司还为其设计了一个系列的动画片，大大提升了品牌的知名度。

图 1-2   海尔兄弟

在各大网站中也不乏使用卡通形象做为网站 logo 的案例，如非常有名的两大购物网站：京东商城和天猫商城，就各自使用了狗和猫的形象作为自家商城的代言"人"，如图 1-3 所示。还有曾担任世纪佳缘和聚美优品副总裁的刘惠璞所创建的"河马家"网站，也同样是使用了以河马为原型的卡通形象作为品牌的 logo，如图 1-4 所示。

图 1-3   京东商城 logo 和天猫商城 logo   图 1-4   河马家 logo

2. 几何构成法

几何构成法是用点、线、面、方、圆和多边形，甚至三维空间等几何图形来进行设计的 logo。几何图形的商标主要有几大分类：单形、分形、变形、组合形等。

几何形构成的商标具有自身的优点和特点：构图明快、立体感较强，因此可以给人们留下鲜明突出的印象。直线可以体现出力度，曲线则具有优美和温婉的属性，对称展现和谐，不对称表达突出。所以说几何构成法可以利用几何体自身所拥有的特性来表达 logo 需要传达的含义，也正因如此，诸多国内外的著名品牌也都采用了几何图形来作为其品牌商标 logo，如运动类的阿迪达斯、匡威，制造业的巨头三菱集团，医药类的中美史克，还有汽车类的宝马、奥迪、奔驰，都是采用几何图形来作为本公司的 logo（图 1-5）。许多著名的网站也同样采用了几何形的 logo 设计法，如联众世界、tom 网、阿里巴巴的诚信通等（图 1-6）。

图 1-5　几何图形 logo　　　　　　　　　　图 1-6　几何图形网站 logo

3. 标识性方法

标识性方法是 logo 设计中最常见的一种设计手法，即用标志、文字、字母字头来设计 logo。标志性方法所设计出的 logo 优点是一目了然，让人一看便知是哪家公司的 logo，因为公司的名字或首写字母会呈现在 logo 上。最著名的采用标识性方法设计的网站 logo 莫过于 Google（谷歌）公司的 logo，如图 1-7 所示。这个彩虹色的英文标识深入人心，然而却没有花费公司一分钱，因为这个 logo 是在 1998 年由 Google（谷歌）联合创始人谢盖尔·布林（Sergey Brin）用免费图像软件 GIMP 制作而出的。

除了 Google 公司之外，还有很多的大型网站也都采用了标志性方法来设计本品牌的 logo，如搜狐、网易和雅虎等，如图 1-8 所示。

图 1-7　谷歌网站 logo　　　　　　　　图 1-8　搜狐、网易、Yahoo 网站 logo

搜狐的 logo 由中文和英文两部份名字组成，颜色沿用原先小狐狸的红色和黄色填充 SOHU 和 COM 的两个"O"字母，在字体的选择上，选择带有中国古风色彩的字体，搜狐网站随着每个页面的颜色不同而放置不同颜色的 logo，但是基本内容不变。当然，不能忘记的还有那句有名的"出门找地图，上网找搜狐"的搜狐网站理念。

网易的 logo 使用了黑色和红色的经典搭配，而网易两字使用的是篆书，这种古典字体的使用仿佛在暗示网易在中国互联网中的元老级地位，也传达出网易的"轻松上网，易如反掌"的核心理念。

Yahoo 雅虎中国的网站 logo 设计得也很简洁明快，看似简单，但是英文 Yahoo 的字母排列、组合还有角度其实都经过推敲，加上 Yahoo 独特的发音，让人印象深刻。

1.3 logo 的设计技巧

用简洁概括的艺术形式表达视觉上的美感，加上让人印象深刻的创意理念，制作出单纯、显著、易识别的 logo 是设计师追求的最终目的。想要达到这样的目的就需要我们掌握一些设计技巧，下面介绍几种比较常用的设计技巧。

1. 巧妙结合

这种设计技巧很早就出现在图案设计中，由埃维加·鲁宾（E.Rubin）发现的图形与背景构成关系规律中引申而来，在一个图形中利用底色和图形色进行反衬，利用视觉差使之结合成一个能看出两种图形，表达出两种含义的新图形。最有名的反衬结合图当属鲁宾之杯，如图 1-9 所示，这幅图的白色部分是一个酒杯的样子，但是看黑色部分就是两个人的脸，这就是反衬结合的巧妙所在，展现出视觉上的智慧。

除了利用图片底色反衬之外，还可以只利用同一个图形，根据视觉重点不同而呈现出两种图形，较为经典的例子就是斯巴达高尔夫俱乐部的图标，由于名称为斯巴达高尔夫俱乐部，所以既要体现斯巴达的战士，又要体现出高尔夫的运动，于是，就出现了图 1-10。

图 1-9　鲁宾之杯

图 1-10　斯巴达高尔夫俱乐部 logo

联邦快递的 logo，如图 1-11 所示，也是利用此种设计手法，将字母 E 和字母 X 之间的空白正好设计成一个箭头的图案，体现出前进和快速的感觉。

而阿里巴巴网站的 logo 则是将小写字母 a 和人的侧面笑脸进行了结合，如图 1-12 所示。

图 1-11　联邦快递 logo　　　　　　　　　　图 1-12　阿里巴巴网站 logo

2. 简洁原则

简洁不同于简单，简洁并没有缺少的含义，而是以一个明确的方式把复杂的含义变成有序的明确的整体，并尽可能地去除一切不必要的结构。很多大公司的企业 logo 都是从原先复杂的图案演变而来，苹果公司 logo 的演变如图 1-13 所示。

苹果公司最初的 logo 是一幅牛顿在苹果树下看书的钢笔画，虽然画面美观，布局也很得当，但是如此复杂的 logo 实在不便于企业品牌的传播，所以苹果公司几经改良，最终使用了现在这种有金属质感的被咬了一口的苹果图形。

3. 积极设计

因此 logo 要具备积极的意义，好的企业或组织的 logo 设计也都必须展示出积极向上的感觉，能让用户有一种视觉上的快乐与美好之感，心情不会觉得压抑。Twitter 网站 logo 早期设计的演化就是一个很好的例子，如图 1-14 所示。

Twitter 本是一种鸟叫声，这种短促而且频率快的叫声正好符合网站创办人想要阐释该网站的内涵，所以取名 Twitter。由于网站名称是鸟的叫声，所以 logo 设计当然也是采用了一只小鸟，这也就有了 Twitter 第一只小鸟的样子。可以看出早期设计的小鸟身体向下倾斜，没有

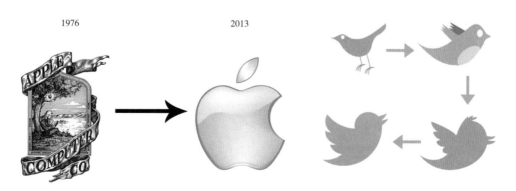

图 1-13　苹果公司 logo 的演变　　　　　　图 1-14　Twitter 网站 logo 演化

翅膀，目光呆滞，让人感觉不到想要展翅高飞的感觉，毫无生气。而后期的小鸟设计昂首挺胸，翅膀的比例加大，姿势向上，线条也更加流畅，给人们带来一种翱翔在天空，一鸣惊人的感觉。所以，logo 设计时要给用户带来积极的感觉是非常必要的，让用户产生一种良好的心理体验，才愿意继续浏览网站。

1.4 logo 设计案例分析

　　网站的 logo 是网站设计中一个至关重要且必不可少的重要部分，是体现网站内涵及特色的最佳载体，具有传递网站定位和内涵的作用。logo 是否设计得易于识别，是否能够突出重点内容，是否具有视觉冲击力，会直接影响客户对网站的浏览意愿，为了让大家可以更全面地了解网站 logo 的设计，下面就对经典的网站 logo 设计进行案例分析，其中分析内容仅为作者观点，与大家分享。此次选择分析的是百度网站的 logo，如图 1-15 所示。

　　百度网站 logo 的设计在颜色方面采用了红色与蓝色的搭配，红与蓝都属于三原色，这两个颜色的搭配是冷暖色系最经典的搭配之一，红色的激情碰撞蓝色的理智，产生强烈的对比，在很多现代作品中也经常使用到这两种颜色的搭配，12 色相中红色与蓝色明度低，并且十分统一，所以它们在冷暖对比中会产生很大很强烈的空间感，营造出活泼的气氛和视觉冲击力。在字体的设计上，百度使用了自己定制的字体，两个字都是在"综艺体"的基础上作了稍微的调整，"百"字在设计上基本没有变化，而"度"字变化较大，原先左边的撇被替换为竖，而底下的"又"字也稍稍作了调整，而英文"Baidu"使用的是 Handel Gothic BT 字体。字体的设计给人一种稳重、大气、专业而又不失现代设计的感觉。"百度"二字，出自于辛弃疾《青玉案》中的"众里寻他千百度，蓦然回首，那人却在灯火阑珊处"。作为全球最大的中文搜索引擎，这个名字无非是充满了诗意而又非常适宜的，有一种古典的意境之美。中间的动物掌印并不是狗而是熊的，想法来源于"猎人寻迹熊爪"，巧合的是中国很多大型网站也都有动物出现的身影，比如 SOHU 的狐狸、腾讯的企鹅和天猫的猫等。而百度的熊掌也成了百度公司的形象代言，用寓意的手法诠释了搜索寻觅的含义。

　　当然，在 logo 的设计中也有很多容易产生歧义的案例，比如在字体的编排上，如果有英文字母，一定要在字母的设计上有所区分。如图 1-16 所示，kids exchange 的 logo，这本是个卖儿童商品的公司，但是将字体这样编排之后很容易看成 kid sex change，产生歧义。不仅英文字母的编排需要注意，中文字体的编排也要注意，不要在字体变形时使字体组合成奇怪的图形，让人们误读。

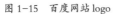

图 1-15　百度网站 logo

图 1-16　kids exchange 商店

1.5　logo 制作实训

本案例将完成一个动物保护组织的网站 logo 设计。

动物保护组织网站的 logo 设计需要体现该组织的风格，并且能够表达出该组织想要传达给浏览用户的精神。在本案例的设计制作中，将采用卡通化的设计手法，以熊猫的形象将动物保护的概念传递给人们。在设计中要使卡通化的熊猫看起来憨态可掬、楚楚可怜，让浏览用户产生一种怜惜和疼爱的情感，进而体现出该网站的理念，最终效果如图 1-17 所示。

图 1-17　熊猫动物保护网站 logo

制作步骤：

1. 新建大小为 500 像素 ×500 像素，分辨率为 72 像素 / 英寸的空白文件，如图 1-18 所示。

图 1-18　新建空白文件

将背景色设计为灰色，参考颜色代码为"# ada9a9"。将前景色设置为白色，使用"椭圆"工具，如图 1-19 所示。在画面上建立形状 1，一个白色的圆形，如图 1-20 所示。使用"直接选择"工具，如图 1-21 所示，将形状 1 圆形变形为一个类似于饭团的形状，作为熊猫的脸部轮廓，如图 1-22 所示。

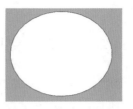

图 1-19　椭圆工具　　　　　图 1-20　创建形状 1 圆形

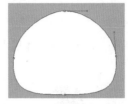

图 1-21　直接选择工具　　　图 1-22　创建熊猫脸部轮廓

为形状 1 添加图层样式：渐变叠加。不透明度为"50%"，渐变颜色为"# 9c9a9a"到白色的渐变，样式选择"径向"，具体参数如图 1-23 所示。添加"渐变叠加样式"后使图层 1 变为中间白色，四周灰色的效果，如图 1-24 所示。

2. 使用同样的方法来绘制熊猫的黑眼圈。将前景色改为黑色，先使用"椭圆"工具绘制椭圆得到形状 2，然后用"直接选择"工具改变椭圆的形状，如图 1-25 所示。

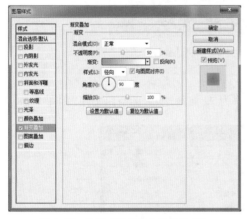

图 1-24　设置"渐变叠加图层样式"效果

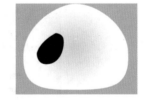

图 1-23　设置"渐变叠加图层样式"

图 1-25　绘制形状 2—熊猫眼圈

继续制作熊猫的眼睛，将前景色改为白色，用"椭圆"工具制作一个椭圆形，点击"重叠形状区域除外"按钮，如图 1-26 所示，然后绘制比之前那个椭圆形再小一圈的椭圆，得到形状 3 的一个圆圈，如图 1-27 所示。

图 1-26　重叠形状区域除外按钮（左）
图 1-27　形状 3（右）

使用"椭圆"工具和"矩形"工具，如图 1-28 所示，分别绘制出图层 4、5、6，熊猫的眼球和高光，如图 1-29 所示。

将前景色调为黑色，用"椭圆"工具绘制图层 7，熊猫的耳朵，并将图层 7 拖拽到图层 1 下方，使熊猫脸部覆盖住耳朵，如图 1-30 所示。

图 1-28　矩形工具　　　图 1-29　熊猫的眼睛　　图 1-30　熊猫的耳朵

将图层 2~ 图层 7 全部复制，使用快捷键 Ctrl+T，在选框中点击右键，选择"水平翻转"，如图 1-31 所示。然后用移动工具，摁住 shift 键，将耳朵和眼睛调整到对称的位置，并调整好图层的上下关系，如图 1-32 所示。

图 1-31　将图层水平翻转　　　图 1-32　制作出对称的眼睛和耳朵

3. 使用"钢笔"工具，如图 1-33 所示，绘制出形状 8—熊猫的鼻子，如图 1-34 所示。再使用"画笔"和"相片"工具制作出图层 1，鼻头的高光，如图 1-35 所示。

图 1-33　钢笔工具　　　图 1-34　绘制出熊猫的鼻子　　　图 1-35　鼻头的高光

新建图层 2，使用"钢笔"工具绘制一个曲线路径，如图 1-36。选择"画笔"工具，将画笔大小选为 2 像素，如图 1-37 所示。重新点击"画笔"工具，在曲线路径上点击右键选择

"描边路径"，如图 1-38 所示，在弹出的对话框中选择画笔。之后再将图层 2 复制，水平翻转，调整到合适的位置，制作出熊猫的嘴，如图 1-39 所示。

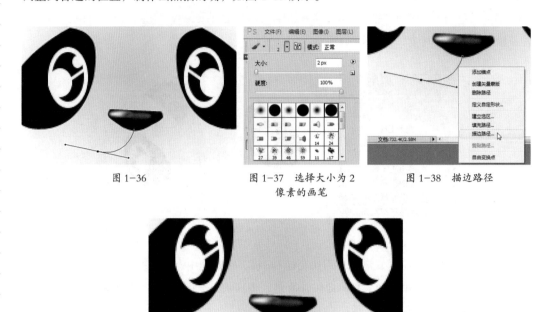

图 1-36   图 1-37   选择大小为 2   图 1-38   描边路径
                              像素的画笔

图 1-39

4. 在图层栏中选择形状 1,点击右键选择"栅格化图层",将形状 1 栅格化,如图 1-40 所示。在滤镜中选择杂色,添加杂色,在弹出的对话框中将数量设置为 20,平均分布,单色,如图 1-41 所示。

图 1-40   栅格化图层

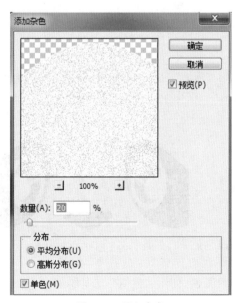

图 1-41   添加杂色

在滤镜中选择模糊，高斯模糊，半径设置为 1.5，如图 1-42 所示。在滤镜中选择模糊，径向模糊，数量设置为 10，模糊方法选择缩放，如图 1-43 所示。

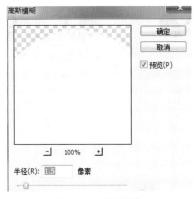

图 1-42　高斯模糊

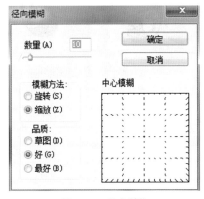

图 1-43　径向模糊

按 Ctrl 键 + 点击形状 1 图层获取形状 1 的选取，点击选择、修改、羽化，如图 1-44 所示。在弹出的羽化半径窗口中设置为 3 个像素，点击选择、修改、收缩 1 个像素。

点击选择，反向，按 delete 键删除不必要的部分。选择涂抹工具，如图 1-45 所示。涂抹大小为 1 个像素，强度为 80%，如图 1-46 所示。

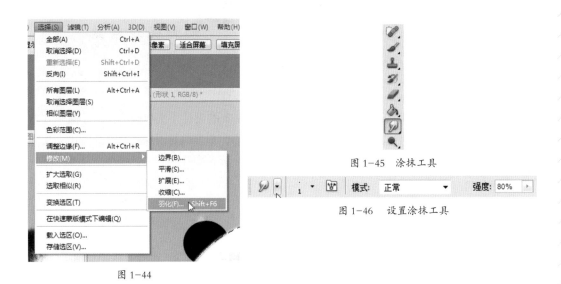

图 1-45　涂抹工具

图 1-46　设置涂抹工具

图 1-44

用涂抹工具沿着熊猫毛发的顺序进行涂抹，制作出毛茸茸的感觉，如图 1-47 所示。将整个熊猫的脸部涂抹完毕，如图 1-48 所示。

调整涂抹强度为 50%，用同样的方法制作出耳朵和眼圈部分的毛发，如图 1-49 所示。

5. 为熊猫 logo 加上文字，在字体上，"熊"字选择"华文琥珀"，"猫"字选择"方正姚体"，"动物保护网站"几个字选择"华文新魏"。然后给"熊"字加上图层样式，斜面和浮雕效果，深度设置为 297，大小为 7，软化为 4，如图 1-50 所示。

调整字体位置，最终效果如图 1-51 所示。

图 1-47　涂抹出毛茸茸的感觉

图 1-48　涂抹完毕

图 1-49

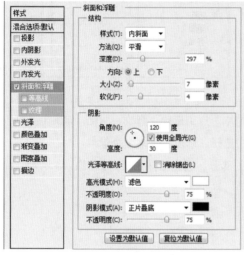
图 1-50　斜面和浮雕效果

图 1-51　动物保护网站 logo 最终效果

项目小结

达到在认知方面了解 logo 的定义，设计方面理解基本的设计手法和设计技巧；制作方面掌握 PhotoShop 中矢量绘图工具的使用和图层样式的设置，以及通过对涂抹工具的应用，掌握如何制作毛绒质感的目的。

课后练习

1）制作农业网站 logo。

2）萌宠网站 logo。

设计要求：设计方案要求表意准确，有丰富的内涵；简洁大气，富有时代感；构思巧妙、新颖；可以给用户留下深刻印象。

学生作品案例：农业网站 logo，如图 1-52 所示。萌宠网站 logo，如图 1-53 所示。

图 1-52　农业网站 logo（左）
图 1-53　学生作品萌宠网站 logo（右）

项目二　网页中按钮的设计与制作

项目任务

网站中按钮的设计与制作，需完成以下任务：

1）理解按钮的定义；

2）掌握按钮的设计手法；

3）掌握按钮的设计技巧；

4）设计出有内容的按钮；

5）用 PhotoShop 软件制作按钮。

通过讲授使学生能够快速、准确地理解什么是网站中的按钮，并掌握一定的设计技巧和设计手法，设计出符合网站要求的按钮。

使用软件：Adobe PhotoShop。

重点与难点

1）理解按钮的定义；

2）了解按钮的作用；

3）掌握一定的设计手法，运用设计技巧设计出符合要求的按钮；

4）设计出的按钮需有明确内容；

5）掌握 PhotoShop 中的工具技能。

建议学时

8 学时。

2.1　理解按钮

按钮的设计其实经常容易被忽视，然而按钮的确是上网时最常用到的一个载体，没有按钮我们无法进行下一步的操作，更别说能打开那么多的相关链接。其实早在互联网初始时期，按钮就已经伴随着网站而出现了。

一个按钮最大的功能不是美化也不是识别，而是提供给用户一个准确的信息，通过按钮上的文字或者图案来提示用户下一步将要进行的是怎样的一个动作。按钮作为一个必要的存在，在设计上当然也是要求十分用心，从早先的文字识别到现在的心理暗示，按钮的设计也存在着自身的演变，首先介绍一下按钮的定义。

2.1.1　按钮的定义

按钮是网站中最为常见的一个元素，也是一个实现我们用户与机器进行交互的非常重要的媒介。按钮代表着进行了某一种动作，或做了某件事，也就是说当用户点击了按钮则代表用户操作了一个功能。从技术上来讲，按钮的作用就是一个媒介，通过用户点击按钮这个动作而向后台提交数据，命令服务器去做某一件事情。

2.1.2　按钮的作用

一个网站的按钮最大的作用就是引导用户去链接到不同的网址，从而进行和加强人机之间的交互功能，进一步地丰富了网站的功能性。当用户点击按钮，按钮向后台提供数据反馈命令则会出现一系列的结果，如信息搜索、注册、回复、下载、下一页、下一步等，并且按钮的功能除了进行链接功能以外，绝大多数都是进行对表单的提交。我们所熟悉的按钮，如下载类的（图 2-1），进行"下一个"动作类的（图 2-2），还有就是信息搜索类的（图 2-3）。

图 2-1　下载类按钮

图 2-2　"下一个"动作类按钮

图 2-3　搜索类按钮

按钮可以通过文字，或者图标来对用户进行提示，如在分享时，用户想要分享到哪个平台上去，按钮就会变成哪个平台的 logo 的样式，如图 2-4 所示。

图 2-4　图标类按钮

在设计中，按钮应当可以充分地表现出用户体验的细节，从而使用户进行有效的点击，因此，有效性是一个按钮设计应该首先具备的条件，网站按钮设计追求的效果是简洁和直接，让用户对该按钮的作用和其能达到的结果进行正确的判断和点击，并且在用户的视觉感受上形成美观的形象感受。

2.2　按钮的设计手法

相对于早前的文字按钮，如今按钮的设计要求越来越高，首先在按钮的设计中，务必要做到和整体网站的风格相协调，不能突兀；而在一些单调的页面中，又可以用按钮来进行点缀，这就要求设计者必须非常熟悉整个网站的设计风格和设计理念，这样才不会将按钮设计得与网站风格格格不入，让用户在点击时产生不舒服的感受。而在如何精准表达内容和吸引用户点击这一点，就需要设计者了解浏览者的使用心理，掌握设计心理学的相关知识，这样才能使设计者设计出的按钮达到既美观又实用的效果。

如今的网络十分发达，需要什么相关源文件都可以从网上下载，然后直接拷贝，并且大多还都是免费的，如图 2-5 所示。

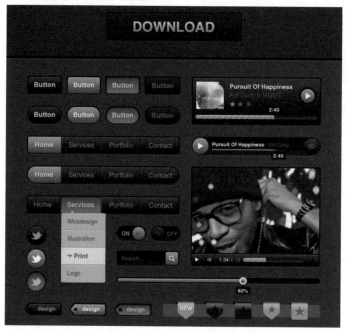

图 2-5　网络 UI 下载素材

而这些下载的成品用来研究和学习的效果比直接套用的效果会更加好，直接应用不一定适合所要设计网站的风格，更不能起到承上启下的作用，因为要做到按钮和实际要表现出来的内容是相辅相成的，也要考虑按钮的布局要与整体页面的布局一致。因此，网络上的元素可以借鉴但不适合直接拿来就用。另外还需分清主次，一个页面上的按钮有很多，不能都重也不能皆轻，除了要分清主次，还有第三重要，第四重要等类别的区分，这样的设计才算是相对成熟的设计。

所谓的按钮的设计手法，就是对按钮设计中比较关键的几个元素进行设计和推敲，如按钮的位置、按钮的大小和按钮的内容。下面就分别对这几个关键的设计元素进行分析和讲解。

1. 按钮的位置

按钮的设计十分重要，按钮位置的设计更是重中之重，不论是现实生活中的还是网页上的按钮，都是如此。

设计本就是服务于人，所以按钮的设计还是以人为本，以人的习惯和审美为基础。一般用户浏览页面的时候，通常的视觉习惯都是从左上到右下（图2-6）。

图2-6 屏幕浏览视觉习惯

就如我们读书看报时也是从左到右一样，这是一种视觉流向。大多数人都是习惯使用右手，用右手拿鼠标，所以在浏览器界面的设计中通常也都是将操作按钮设置在最右侧，比如说关闭按钮、最小化按钮，还有滚动按钮等。所以一般在设计按钮的时候会将按钮设计在对应内容的右方或者右下方（图2-7），例如影响整个页面的按钮：确认、取消、下一页、下一步、返回等。这类的按钮通常设置在对应内容的右侧，符合我们用户的视觉流向，方便查看和使用。如果是带有子菜单的按钮，如图2-8所示，查看工具、帮助之类的列表性按钮。这类按钮通常在工具条区域，页面的顶部。

在设计按钮的同时还要注意用户的使用习惯，当用户习惯了按钮存在的位置，便不会太关注于按钮上面的内容了。这个原理同样应用于网页中的按钮设计上，很多网页和软件的界面就是将按钮放在了一样的位置上，比如"确定"在左面，"取消"在右面，如图2-9所示。这是一个预定的位置，用户通常通过记忆他们的位置而习惯性地去点击，而不是看它们的名字。如此，当用户形成了操作的习惯之后，便可一定程度地提高浏览效率。但如果我们在设计按钮的时候调整了位置，与大部分的页面采用不同，或者相反的位置去放置按钮的话，就会使

综合搜索 ▾   好搜一下

按钮在右方

按钮在右下方

图2-7 按钮位置示意图

》 文件 查看 收藏 工具 帮助

图2-8 带有子菜单的按钮

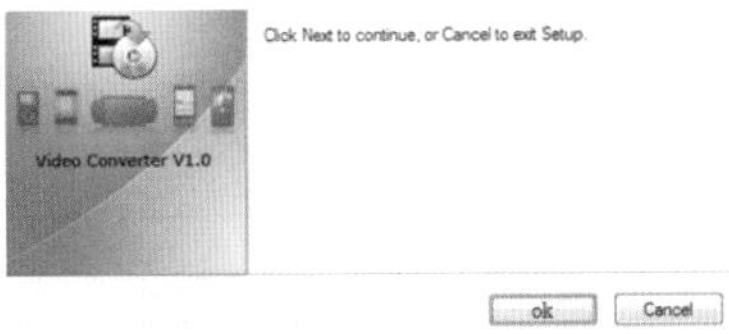

ok   Cancel

图2-9 按钮位置示意图

用户产生思考的环节，这样就增加了用户的使用时间。举个例子，淘宝和阿里巴巴这两个网站在购买商品这个环节上都将按钮位置设计在右侧——"购物车"按钮，左侧为直接"购买"按钮，如图 2-10 所示。

而当当网放入"购物车"按钮在左，而直接"购买"按钮在右侧，这也就导致一部分用户经常选错，如图 2-11 所示。

图 2-10　阿里巴巴和淘宝网站购买界面　　　　图 2-11　当当网站购买界面

所以在设计按钮位置的时候一定要遵循用户的视觉习惯和使用习惯，这样才能提高按钮的使用效率，使用户在使用的时候觉得便利。

2. 按钮的大小

费次定律（Fitts' Law）在互联网人机交互设计领域（估算用户移动光标点击链接或控件按钮所需的时间）中有着广泛而深远的影响，根据费次定律，点击的范围越大，点击所需要的时间就越短，鼠标就更能轻松地到达，如图 2-12 所示。

那么按钮就是越大越好了？当然不是。大尺寸的按钮会占据有限界面的较大空间，因此会打乱界面设计的美感和平衡感。如果说一个比较小的按钮，你把它放大一倍，可能会提高它的使用性，但是如果一个本来就比较大、位置比较显眼的按钮再放大一倍，就显得笨重和缺少性价比。按钮并不是有固定的尺寸，通常根据按钮的主次可分为几个大小。在一般页面中，按钮从大到小的次序通常为长度 108 像素、宽度 32 像素，长度 84 像素、宽度 32 像素，长度 84 像素、宽度 22 像素，长度 64 像素、宽度 22 像素，长度 58 像素、宽度 22 像素，如图 2-13 所示。

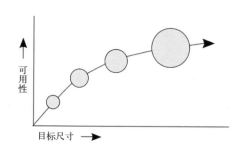

图 2-12　费次定律

按钮上的内容一般居中即可，以长度 108 像素、宽度 32 像素的按钮举例，按钮中的内容一般以上下各空出 8 像素、左右各空出 16 像素为准，如图 2-14 所示。

当然在设计按钮尺寸大小的时候还要根据所设计按钮的形状和内容进行区分，这里介绍的只是最为普遍的按钮。

3. 按钮的内容

按钮在内容的设计上至关重要，而按钮上的内容无外乎是文字与图标，首先介绍一下关于按钮文字的设计。

按钮的主要用途在于用户的点击，所以在按钮的内容设计上，要用文字创出一种迫切的感觉，比如说购物网站中经常会在按钮的内容上使用"立即"、"现在"这类紧迫的文字，这样能大大提高用户的点击率，如图 2-15 所示。但是如果整版页面处处充斥着立即、马上、即刻这类的字眼反而容易适得其反，所以说，这类表达急切的词汇只用在核心的按钮上才能真正起到提高用户点击效率的作用。另外使用动词作为按钮的内容也是一种很好的选择，带有行动的按钮通常都是使用动词的，如图 2-16 所示。

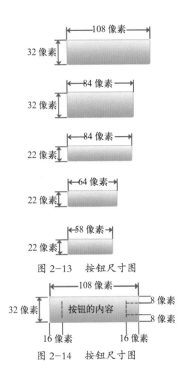

图 2-13　按钮尺寸图

图 2-14　按钮尺寸图

这也是一种文字上的心理暗示效果，动词带有指向性，指导用户下一步应该做什么。除此之外，给按钮加上一些有趣的内容也会激起用户的点击兴趣，提高用户点击效率，比如说谷歌网站的"手气不错"按钮，如图 2-17 所示。

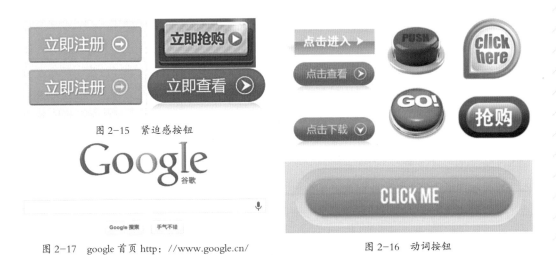

图 2-15　紧迫感按钮

图 2-17　google 首页 http：//www.google.cn/

图 2-16　动词按钮

除了用文字来表示按钮上的内容，有时候我们还可以使用一些有指定意义的图标，比如"播放键"是由一个向右的正三角形来表示，"暂停键"是由两个竖杠来表示，"停止键"是由方块来表示等。当然文字加上图标的效果也是非常不错的选择，比如在一个按钮上加上箭头的图标，可以使用户更加直观地了解到点击该按钮后对应的操作结果，或出现的相应的链接。很多按钮因为大小的限制不能在上面过多地进行语言描述，所以使用指示图标是一个非常好的选择，可以使用户在使用上感到更加直观。对比一下使用了指示图标和没有使用指示图标的界面在视觉传达上的区别，如图 2-18 所示。可以明显地看出，下方带有箭头图标的"点击进入"按钮可以更直观地提前呈献给用户一个进一步的效果，比上方没有箭头图标的按钮要更丰富，并更有指向性。箭头图标虽好但也不是万能的，还是要根据按钮的内容选择正确的图标使用，并将文字内容和图标进行搭配使用才能达到最好的效果，如图 2-19 四个按钮的对比。

图 2-18　使用和没有使用指示图标的
　　　　　　　　　　按钮对比

图 2-19　按钮对比图

2.3　按钮的设计技巧

设计是有法可循的，并不是所有的设计都要崇尚和追求灵感。网页设计是以用户为中心的设计，所以需要设计师在设计过程中不断地考虑客户的需求。既然是以人为本的设计当然是要遵循人的基本审美观，要做到符合大众的审美，有一种万变不离其宗的设计技巧叫作"对比与统一"。在网页按钮的设计中我们需要掌握的是如何使按钮的颜色和按钮的材质形成对比与统一。

1. 颜色的对比与统一

在可见光谱上，人的视觉可以感受到许多不同的色彩，而不同颜色的特质或不同颜色之间的搭配又可以引发出人的特定情绪反应，比如红色带给人热情、喜庆的感受，绿色带给人和平、新鲜的感受，蓝色带给人冷静、稳定的感受等。因为颜色除了能带给人们视觉上的感受，更能影响人们心理上的感受，所以颜色的使用在设计中尤为的重要。首先，我们来看色相环，如图 2-20 所示。

在色相环中，由于颜色之间的差别形成了对比，各种颜色因在色相环上的位置不同而形成了不同的对比关系，这四种对比关系分别是：同类色、邻近色、对比色和互补色。同类色是指相差角度为 15 度的颜色，邻近色是指相差角度为 60 度的颜色，对比色是指相差角度为 120 度的颜色，互补色是指相差角度为 180 度的颜色，如图 2-21 所示。

同类色和邻近色就属于颜色应用中的"统一"，而对比色和互补色则属于颜色应用中的"对比"。另外还有颜色属性中明度与纯度的对比，明度是色彩明暗程度的对比，根据颜色明度的不同程度分为十个等级，一级为最低，十级为最高，如图 2-22 所示。

色彩的纯度对比是由颜色纯度的差异而产生的颜色鲜艳或者浑浊感的对比。根据不同的纯度，等级也分为十级，如图 2-23 所示。

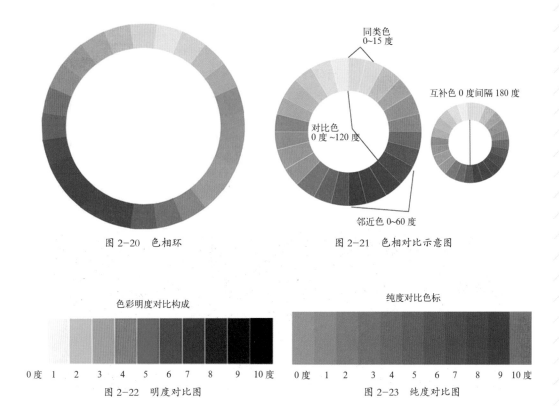

图 2-20　色相环　　　　　图 2-21　色相对比示意图

图 2-22　明度对比图　　　　图 2-23　纯度对比图

在同一色相中使用相近明度或相近纯度都属于颜色应用中的"统一",而使用度数距离较远的明度或纯度的时候则属于颜色应用中的"对比"。

色彩是最容易被用户识别的,在视觉识别系统这也成为设计最忠实的部分,在网页界面中的按钮设计上,首先也要根据整个网站的颜色基调来进行按钮色彩的选择,这样有利于保持整个网页界面的统一性,也是最为常见的在按钮设计时使用的方法,如图 2-24 所示。页面主体颜色是红色,而按钮的颜色是橙色和黄色,在色相环中属于使用了邻近色的取值范围,所以按钮与界面的搭配看起来是十分统一的。

图 2-24　新浪网首页 http://www.sina.com.cn/

WEB DESIGN

除了"统一"的方法,"对比"的使用在网页设计中也很常用,颜色分为冷色调和暖色调,在界面中能产生对比效果最为突出的是冷暖对比,除此之外还有明度、纯度、对比色和互补色的对比等,如图 2-25 所示。整体网页颜色为蓝色,而按钮的颜色为橙色,在色相环中,蓝色和橙色为对比色,这样使用了两种对比色作为主色调和按钮颜色的设计会使用户在使用中能够非常明显地发现到按钮,并在滚动图片按钮中也使用了橙色的边框,让用户对将要点击的内容一目了然。并且这种使用对比色的界面给用户的视觉冲击力更强、更新颖和靓丽。

图 2-25　美国博物馆网站 http://www.amnh.org/

2. 材质的对比与统一

拟物化设计在界面设计中非常盛行,这就要求设计师对质感要有所把握。要达到界面的统一,就要求不论是图标,或按钮,还是界面主体的材质都要统一,如图 2-26 所示。该界面背景选择的是木纹效果,设计者在按钮材质上选择了木板的效果,这和背景的材质感觉非常一致,尤其在按钮轮廓的处理上还形象地作出了木板断裂处的不规则形状。

在我们的日常生活中,各种不同材质进行组合而设计出的产品非常普遍,比如说皮革与金属一起组合的手机,还有金属与塑料组合的笔记本等。所以在界面设计中,设计师们也通常采用不同材质混合的方式进行设计,如图 2-27 所示。

材质的对比有很多种,而且并不像颜色对比那样的有固定模式,材质具体怎样搭配要看设计师想要呈现给用户怎样的感觉来进行。使用对比方法来进行按钮设计,无疑是让按钮在界面中看起来更加地醒目和特别,在很多的游戏网站界面中都会使用材质统一或对比的方式来进行设计。同时,在进行设计时还要注意使用对比与统一设计技巧的整体性,不论是使用统一还是对比,都要贯穿整个网站的风格设计,不要随便尝试变换,这样会使用户感到混乱,即做到细节处都体现着整体的设计,这样的页面才会既工整又美观。

图 2-26　材质统一的按钮设计
http://sq.uwan.com/home.html

图 2-27　材质组合按钮设计

2.4　按钮设计案例分析

网站的按钮是网站中必不可少的一个部分，它是链接页面与页面之间的桥梁，是进行下一步的关键纽带。下面就对两个不同网站页面中出现的按钮设计进行案例分析，其中分析内容仅为个人观点。

首先分析的按钮设计是游戏《美女餐厅》中的询问用户是否愿意评价分数的界面。如图2-28所示，在颜色的应用上页面整体感觉非常统一，选用的蓝色与紫色在色相环中属于邻近色。

图 2-28　美女餐厅游戏界面

唯一一处显眼的橘黄色与整体页面形成对比，"现在评价"按钮，使用了"现在"这个有紧迫感的词汇进行心理暗示，在颜色的选择上又使用了与边框蓝色为对比色的橘黄色，显而易见，提高点击率。再看"残忍拒绝"按钮，文字上没有使用以往惯用的"取消"而是使用了"拒绝"这个词汇，不仅强调了用户的主导地位，还表明如果用户点击是拒绝了别人的请求，并且还使用"残忍的"来进行修饰，增加了人性化的感觉。并且在颜色的应用上，按钮与边框使用了同样的颜色，这种"隐身"的作法对比显眼的橙色"现在评价"按钮，不论从视觉上还是心理上都会暗示用户点击评价按钮对游戏进行评价。

图 2-29 QQ 直接登录界面

第二个案例如图 2-29 所示，是在进行爱卡网站注册时，会有一个选项是直接使用 QQ 号码登录的界面。在此界面中，当用户终于填写完账号、密码和验证码之后却找不到本应出现在右下方的"确认"或"登录"按钮，通常情况下此种登录界面都会在用户输入完信息之后，在输入框的右方或者右下方设置登录或者取消按钮，以便用户进行下一步的动作选择。而该界面在输入完所有的相关信息之后，却在下面发现一行小字"授权管理 / 申请接入"，按字面意思理解，不论是授权管理还是申请接入都有肯定的含义，也就是属于"确定"按钮。所以，这里的两个按钮表达的是同一个含义，而且概念模糊，使用这种模棱两可的词汇容易使用户感觉混乱。再从按钮的外观来看，非常没有辨识度，让用户很难发现，使用效率降低，甚至会使用户放弃该页面的操作。

2.5 按钮制作实训

图 2-30 玻璃金属风格按钮

按钮在网页中占据着非常重要的位置，发挥着连接的作用。它以一种图形的存在引导用户去进行下一步的动作。一个好的按钮不仅能引导用户对网站进行承上启下的动作，更能为网站设计增色不少。本案例将带领大家完成一个金属拉丝与透明玻璃质感搭配的按钮设计。

在本案例的设计制作中，将选用金属与玻璃的质感进行设计，以营造一个混合风格的按钮。在设计中要使按钮看起来干净、透亮，给浏览用户带来一种清新的感觉，最终效果如图 2-30 所示。

制作步骤：

1. 新建 500 像素 ×500 像素，分辨率为 72 像素 / 英寸的空白文件，将背景色设为灰色，参考颜色代码为 #9f9f9f。点击滤镜、杂色、添加杂色，如图 2-31 所示。

添加杂色数量为 25%，分布选择"高斯分布"，"单色"，如图 2-32 所示。

选择"滤镜"、"模糊"、"动感模糊"，如图 2-33 所示。

动感模糊数值：角度为 0 度，距离为 92 像素，如图 2-34 所示。

图 2-31　添加杂色

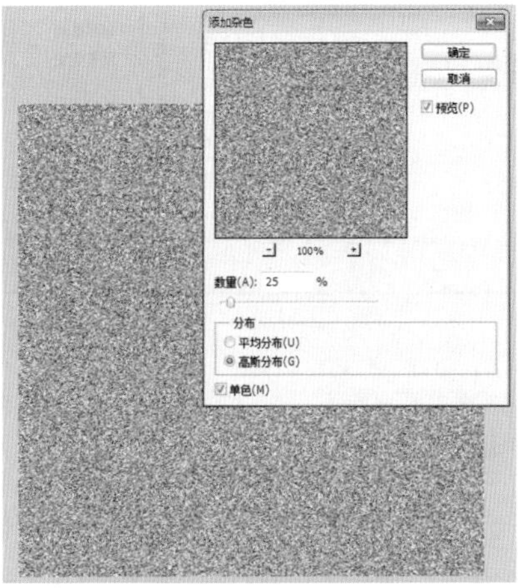

图 2-32　添加杂色数值

图 2-33

图 2-34　动感模糊数值

2. 选择椭圆工具，样式为无，颜色为白色，摁住 shift 键绘制正圆形，如图 2-35 所示。

为圆形添加图层样式，描边：描边大小为 15 像素，混合模式为叠加，渐变颜色为深灰色 #232323 到浅灰色 #b3afaf，角度为 -90 度，如图 2-36 所示。

描边后效果如图 2-37 所示。

3. 摁住 ctrl 点击形状 1，获取形状 1 的选区，新建图层在选区中填充白色，获得图层 1，为图层 1 添加图层样式，投影：混

图 2-35　绘制圆形

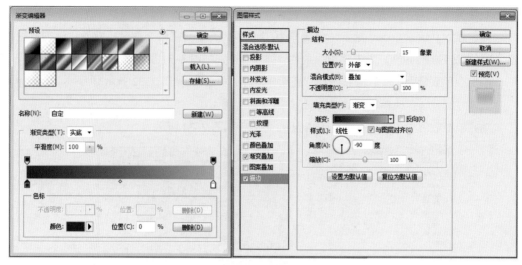

图 2-36　描边数值

图 2-37　描边效果

合模式为"正片叠底"，不透明度为 75%，角度为 90 度，距离为 2，扩展为 0，大小为 2，如图 2-38 所示。

内阴影：混合模式为正片叠底，不透明度 75%，角度为 90 度，距离为 2，阻塞为 0，大小为 2，如图 2-39 所示。

渐变叠加：混合模式为正常，不透明度为 100%，角度为 90 度，选择渐变颜色为 # 055d90 到位置为 32% 的 # 058190 到 # 70dad9 的三种颜色渐变，如图 2-40 所示。

描边：大小为 1 像素，颜色为白色，如图 2-41 所示。

图层 1 最终效果如图 2-42 所示。

4. 摁住 ctrl 点击形状 1，获取形状 1 的选区，新建图层在选区中填充白色，获得图层 2。用矩形选框工具框选住圆形的下半部分减去，获得上半圆，ctrl+t 激活变形工具，在选框内点击右键选择变形，如图 2-43 所示。

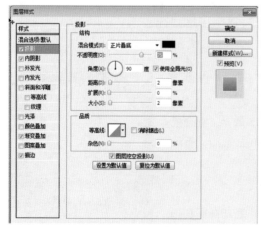

图 2-38　投影数值

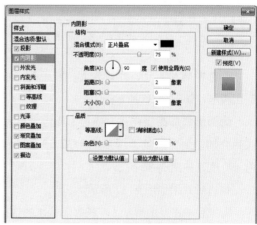

图 2-39　内阴影数值

图 2-40　渐变叠加数值

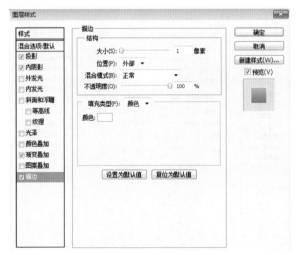

图 2-41　描边数值

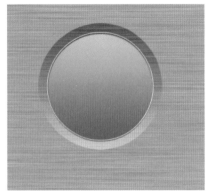

图 2-42　图层 1 效果

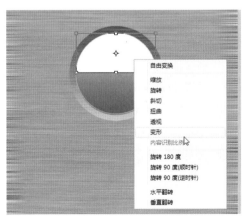

图 2-43　半圆变形

将半圆变为适当的样式之后，为其添加图层样式，渐变：混合模式为正常，不透明度 100%，角度 90 度，颜色为白色到透明的渐变，如图 2-44 所示。

描边：大小为 1 像素，混合模式为叠加，颜色选择渐变，渐变色为位置在 55% 的 #87f3db 到透明色，如图 2-45 所示。

最后将图层 2 整体缩小到原先大小的 95%，图层填充为 0，不透明度 95%。图层 2 最终效果如图 2-46 所示。

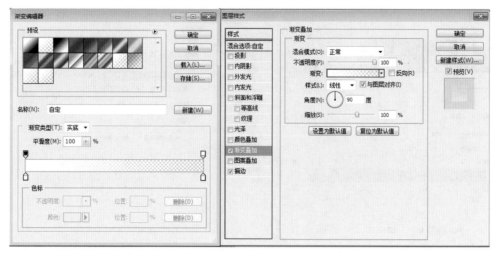

图 2-44　渐变数值

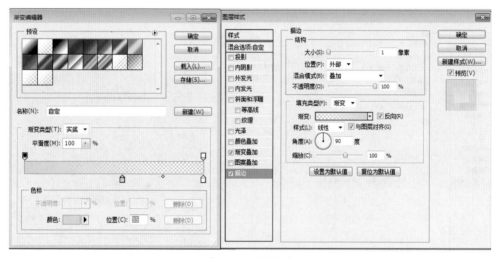

图 2-45　描边数值

5. 摁住 ctrl 点击图层 2，获取图层 2 的选区，新建图层在选取中填充白色，获得图层 3。为图层 3 添加大小为 1 像素的透明色到白色的渐变描边，如图 2-47 所示。

图 2-46　图层 2 效果

将图层 3 的填充改为 0%，不透明度为 90%。图层 3 最终效果如图 2-48 所示。

6. 选用多边形工具，边数设定为 3，绘制样式为无，颜色为白色的三角形，获得形状 2，将形状 2 放置到适当的位置，如图 2-49 所示。

为形状 2 添加图层样式，投影：混合模式为滤色，角度 90 度，距离为 1 像素，扩展为 0 像素，大小为 2 像素，如图 2-50 所示。

内阴影：混合模式为正片叠底，不透明度 47%，角度 90 度。距离为 0 像素，阻塞为 0，大小为 1 像素，如图 2-51 所示。

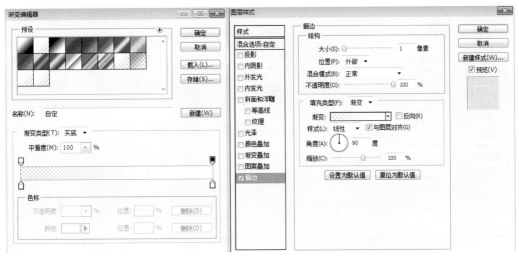

图 2-47　描边数值

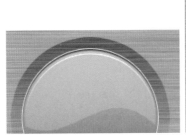

图 2-48　图层 3 效果

图 2-49　形状 2

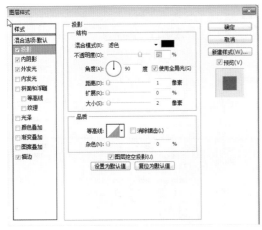

图 2-50　投影数值

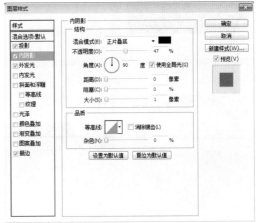

图 2-51　内阴影数值

外发光：混合模式为滤色，不透明度为 75%，大小为 8 像素，如图 2-52 所示。

描边：大小为 1 像素，颜色为 #c1b9b9，如图 2-53 所示。

形状 2 最终效果如图 2-54 所示。

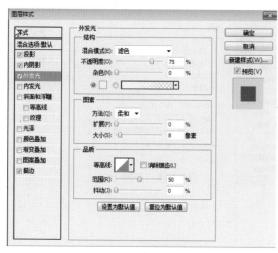

图 2-52　外发光数值

7. 摁住 ctrl 点击形状 1，获取形状 1 的选区，新建图层在选取中填充白色，获得图层 4。将图层 4 缩小为原大小的 95%，为图层 4 添加大小为 1 像素的位置在 31% 的 #046997 到透明色的渐变描边，如图 2-55 所示。

将图层 4 的图层填充改为 0，不透明度为 100%，最终效果如图 2-56 所示。

8. 使用横排文字工具，输入英文：PLAY。获取文字图层。为文字图层 PLAY 添加图层样式，投影：混合模式为正片叠底，不透明度为 75%，角度为 90 度，距离为 2 像素，扩展为 0，大小为 1 像素，如图 2-57 所示。

内阴影：混合模式为滤色，颜色选用蓝色 #a6f7f8。距离为 1 像素，阻塞为 0，大小为 1 像素，如图 2-58 所示。

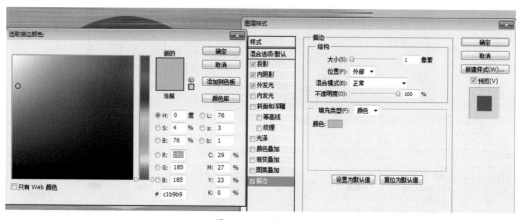

图 2-53　描边数值

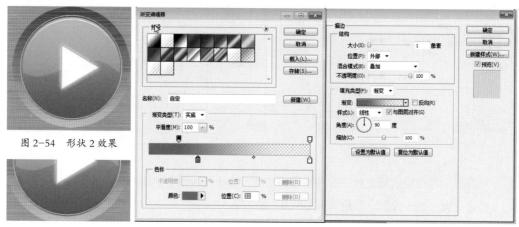

图 2-56　图层 4 效果　　　　　　　图 2-55　描边数值

图 2-54　形状 2 效果

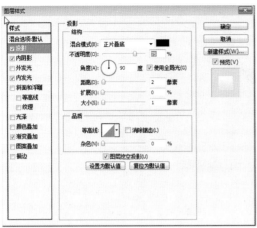

图 2-57　投影数值

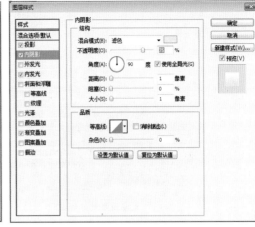

图 2-58　内阴影数值

图 2-59　内发光数值

内发光：混合模式为滤色，颜色选择蓝色 #6efeff，大小为 5 像素，如图 2-59 所示。

渐变叠加：混合模式为正常，颜色选择 #cad7d7 到白色的渐变，如图 2-60 所示。

文字图层最终效果如图 2-61 所示。

9.将背景图层复制，获得背景副本图层，将该图层拖拽到顶部，将图层样式改为柔光，完成最后一步。

完成后的按钮整体效果如图 2-62 所示。

图 2-60　渐变叠加数值

图 2-61   文字图层最终效果   图 2-62   按钮完成效果

项目小结

本项目的目的在于让大家了解按钮的定义，怎样设计按钮和最后如何制作按钮。达到在认知方面了解按钮的定义；设计方面理解基本的设计手法和设计技巧；制作方面要掌握PhotoShop 中图层样式的设置，掌握如何制作金属拉丝和玻璃质感效果的技能。

课后练习

1）制作水晶玻璃质感下载按钮。

2）制作金属质感下载按钮。

设计要求：设计方案要求内容准确、图标与文字搭配得体，整体设计清新舒适，体现出题目要求的质感视觉效果。

学生作品：学生作品水晶玻璃质感按钮，如图 2-63 所示。学生作品金属质感按钮，如图 2-64所示。

图 2-63   学生作品水晶玻璃质感按钮   图 2-64   学生作品金属质感按钮

项目三　网页中 banner 的设计与制作

项目任务

网站中 banner 的设计与制作，需完成以下任务：

1）理解什么是 banner；

2）掌握 banner 的设计手法；

3）掌握 banner 的设计技巧；

4）设计美观有效的 banner；

5）用 PhotoShop 软件制作 banner。

通过讲授相关知识使学生能够快速、准确地理解什么是网站中的 banner，并掌握一定的设计技巧和设计手法，设计出符合网站要求的 banner。

使用软件：Adobe PhotoShop。

重点与难点

1）理解 banner 的定义与作用；

2）设计的 banner 能达到明确的目的；

3）掌握 PhotoShop 中的工具。

建议学时

8 学时。

3.1　理解 banner

Banner 即是横幅、广告、标志的总称，本项目中讲述的 banner 属于网页页面中的横幅广告，如图 3-1 所示。

Banner 其实是一种能够起到醒目和广而告之目的的设计，我们经常能从网站的页面中看到各式各样的 banner，一个设计成熟的 banner 应具备吸引用户眼球，并引发用户进行点击的功能。所以 banner 的设计不仅要美观还需实用，不能够吸引用户的 banner 只能算是一种美观的插图般的存在。

3.1.1　banner 的定义

Banner 是网页中的横幅广告，是网络广告的主要形式，一般分为静态和动态，使用 JPG、PNG、GIF 或者 Flash 格式都可以，Flash Banner，要转换成 GIF 格式，才能获取全设备支持，也会提高 banner 的浏览概率。Banner 可以位于网页页面的顶部、中部、底部的任意一处。Banner 在页面广告中是表现中心旨意的一个主体，用鲜明直接的视觉形象传达广告中最主要的概念或需要宣传的中心思想。效果最好的 banner 尺寸为：336px × 280px、300px × 250px、728px × 90px、160px × 600px、300px × 600px 等，如图 3-2 所示。用户登录网站一般会在一个页面中上下调动滚动条，所以如果 banner 能快速地载入会使使用效率大大提高，所以在设计 banner 时，应在保证清晰度的前提下，使 banner 所占的空间越小越好，最好小于 150kb。

图 3-1　网页中的 banner

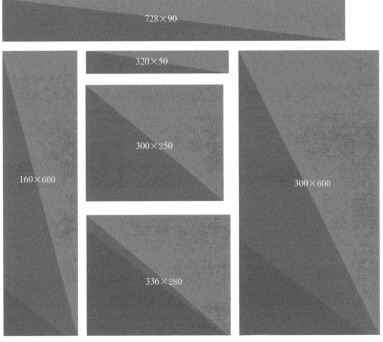

图 3-2　banner 尺寸（单位：px）

3.1.2　banner 的作用

一个 banner 的功能不仅仅是美化，而是要提供给用户一个直观的感受，吸引用户进行点击进入，这是一个让用户从无意注意，到有意注意再到增强记忆和联想，最后让用户进行选择与抉择的过程。

Banner 在设计上要注意文字与图片的搭配，还要注意颜色和构图的应用，在内容上也要选择符合用户心理的言语。通过在 banner 中突出显示的"卖点"来吸引用户的注意，使banner 产生一种行为召唤，成为广告中的视觉焦点，并吸引用户浏览和点击进入，用简约和清晰的内容抓住用户的眼球。

在售卖网站的页面上 banner 占据了大部分的空间，如图 3-3 所示。可见 banner 在网站设计中的重要性。Banner 的设计不仅要让用户感觉眼前一亮，产生视觉上的优先；还要让用户能够直接客观地明白，进行点击之后将会进入怎样的一个主题中去，这就要求设计者在 banner 的内容、文字、配图、构图、配色等方面都要仔细地推敲与揣摩。

图 3-3　淘宝网中的 banner

3.2　banner 的设计手法

在进行 banner 设计时设计者首先需要做到的就是吸引用户，引起用户注意就需要强化刺激，对重点内容进行加大、加粗、设置醒目的颜色等方式进行强化，强化突出重点比平衡更加能够吸引用户的注意力，如图 3-4 所示，在相似的两个 banner 中，位于下方的 banner 将数字的字体设计得更加着重和醒目，更能引起用户的注意。

　　除了强调重点内容之外，还可以通过强化和美化重点内容的方式突出的重点，如图 3-5 所示，位于上方的 banner 在设计上通过修饰重点突出了国庆和七天乐，让用户一眼便知 banner 的主题。

图 3-4　banner 对比　　　　　　　　　　　图 3-5　banner 对比

　　Banner 在页面中体现的是广告的效果，形象鲜明，位置醒目，因此在 banner 的设计中我们必须要掌握：主题明确、层次分明和符合阅读习惯这三点设计手法。

　　1. 主题明确

　　Banner 是页面中的广告，介绍的是产品，所以在设计上一定要突出产品的主题，让用户能够清楚直接地理解广告想要表达的意义，因此在 banner 的设计中要减少不必要的辅助元素。如果 banner 的布局分散、内容繁杂就会使用户掌握不到浏览的中心，banner 并不是传达的信息越多越能提高用户的兴趣，信息传达得越多，主题越不明确，就越不容易达到明确的效果。用户浏览网页时会将注意力集中到自己感兴趣的内容中去，所以如果不能突出主题便很容易失去用户的注意力，所以在设计时不需要进行铺垫或者隐喻，第一时间对产品进行集中展示才是正确的设计手法，并配合一些适当的文字对用户进行心理暗示，起到事半功倍的效果。如图 3-6 所示，在这个 banner 的设计中，设计者想要突出的主题是"不打烊"，因为在临近过年，很多淘宝店铺因为已经放假，或者快递公司放假就不对产品进行发货，并且很多商家没有在主页上表示自己的店铺是否愿意进行发货，所以在这个 banner 的主题表达上，主要是吸引那些在过年这个特定的期间里还有购买意愿的用户，在主题的体现上非常明确。

图 3-6　banner 案例

通常设计者们都是通过对重点文字进行突出来表现主题，用文字告诉用户此产品的最大卖点是什么，如图 3-7 banner 所示，首先映入眼帘的是"顽痘"二字，这样就吸引了被此类问题困惑的用户，然后是"强"、"快"两个字，更加突出产品的优势，更进一步提高用户的兴趣，加大点击机率。

图 3-7　banner 案例

在 banner 设计中，文字和标题一定要让用户能够清楚直接地识别，在 banner 的布局上，文字应该布局规范，而不是随意地进行排布。如图 3-8 所示，在两个 banner 对比中可以看出，位于上方的 banner 在设计上更为大方得体，也更容易使用户一目了然。而位于下发的 banner 在设计上过于随意，分散了用户的视觉注意力，在明确主题方面没有位于上方的 banner 设计得更加到位。因此可见，在文字的布局上，应该遵循规范整体的原则。

很多广告都认为展示的商品越多越有竞争性，但在 banner 中，这样的作法就会使 banner 设计得过于繁杂，变成了一个产品图片的堆叠。产品越多越不容易设计，不仅对视觉效果有影响，更可能会影响到用户的识别性，反而更难引起关注，如图 3-9 所示，位于下方的 banner 在设计中采用了产品的正面特征图，在文字内容上简洁明确，易于用户进行识别。位于上方的 banner 在设计上放置过多的产品而导致页面的堆砌，找不到亮点。所以在产品的展示上应该选择少而精的产品，而不是一味地堆叠。

2. 层次分明

Banner 在设计时要清楚地明确它的目的性，既提高产品的知名度，又提高网站的点击率。所以在 banner 设计中主要内容分为三个层次：第一，如果是品牌产品的 banner 则要放上该产

图 3-8　banner 对比　　　　　　　　图 3-9　banner 对比

品公司的 logo。第二，想通过产品来吸引用户，则需要一个卖点，这个卖点可以质量、折扣、限时、限量等为点，卖点的价值主导占据了 banner 的主要位置，并且依靠这些主导来吸引用户的注意。第三，使用急迫的行为召唤性文字，比如"立即点击"、"马上抢购"、"即刻注册"、"秒杀"等，诸如此类的词汇，这种带有召唤性的文字可以成为 banner 中的一个鲜明突出的形式，提高用户的点击量。如图 3-10 所示，首先在整个布局上左上角为公司 logo：天猫电器城。左侧占据了大部分位置的是"马上省钱，热卖数码钜惠"，更是在文字的颜色上突出了"钜惠"两个字，以优惠作为卖点，在文字下方设计了一个带有召唤性的文字按钮"马上去抢"，并在按钮旁边加了向右的箭头，更进一步凸显了行动性。

设计简洁大方，内容层次清晰才能让用户更加迅速地注意到 banner。

图 3-10　banner 案例

3. 符合阅读习惯

我们大部分的用户在浏览网页时都是遵循从左上到右下的顺序来进行浏览的。在 banner 的设计上，也需顺应用户的浏览习惯来进行设计，使浏览者观看的方向保持从左至右，而不要让文字过于松散没有规律性，按钮要放在文字的下方或者右方。如图 3-11 所示，位于上方的 banner 遵循了用户的浏览习惯，在文字的顺序和方向上都使用了从左至右、从上至下的顺序来进行编排。按钮在文字的右下方，方便用户进行点击进入，而位于下方的 banner 在文字的顺序上没有按照用户的视觉习惯进行排放，而是进行了随意的设计，按钮没有放置在右下方，不方便用户找到并点击，降低了用户使用效率。

图 3-11　banner 对比

　　大多数情况下，人们的目光会跟随事物呈现的视觉线索，如我们不由自主地会将目光随着他人目光注视的方向，或者是他人用手指出的方向，或是箭头所指方向等看去。人们习惯于重视面孔，这种面孔偏好来源于人类对面孔的识别具有有限性，所以当图片中出现面孔和其他事物的时候，人们会优先注意到面孔。

　　我们将人的关注度最高用红色表示，关注度一般用黄色表示，关注度较低用蓝色来表示，根据不同的三个 banner 进行分析。如图 3-12~ 图 3-14 所示，banner 中模特的脸是朝向正面，文字在右方，当人们看到这张图片的时候，大部分的注意力都集中在了模特的脸部，还有一部分注意力被右边的图片和按钮吸引，图片中鞋的走势正好形成一个向右的指向性，而按钮里面也有向右的箭头标志，所以这两个带指向性的视觉感受吸引了一部分的关注，而标题由于文字较大较突出，也吸引了一些注意力，但标题下面的相关内容则没有得到用户的注意。

图 3-12　banner 案例

图 3-13　banner 案例

图 3-14　banner 案例

在图 3-13 中，模特的脸朝向右方，虽然关注度还是集中在脸部，但是由于模特目光注视着右方，引起了用户的追随，也将注意力集中到了标题文字中去，加上鞋子和箭头的指向性，位于右边的图片和按钮也获得了注意，而位于三个视觉重点中心区的文字当然也不会被忽略；并且模特的目光，鞋和箭头的方向都是由左向右的，顺应了视觉规律，因此，比图 3-12 的效果更好一些。

在图 3-14 中，虽然模特目光向左方，文字也在模特的左方，但是由于鞋子走向和按钮中箭头走向不一致，引起了混乱的感觉，不利于用户的浏览。因此，三个 banner 对比之下，图 3-13 的效果最好。

3.3　banner 的设计技巧

1. 主题定位

因为网站的内容和风格不同，所以设计的内容和风格要与网站相符，另外还要根据不同的主题设计出不同的感觉，比如体育类的就要设计出动感，而售卖类就要设计出商业感，财经类就要设计出国际感，文化类的就要设计出文气，如图 3-15 所示。

根据不同主题来进行不同风格和内容的设定，所以要对进行设计的 banner 的主题进行定位，它是属于哪个类别的？需要表达什么内涵？想体现给用户怎样的感受？首先要对主题进行确定才能在后续的设计中达到更准确的内容体现。

售卖类

体育类

财经类

公益类   影视类

图 3-15   banner 案例

2. 色彩应用

不同的颜色会给人以不同的感受，这种感受主要分为具体的和抽象的两种，比如说看见红色，我们的具体感受有：火、花、血等，抽象感受有：热情、革命、性感等，我们要根据不同颜色带给用户的感受对 banner 进行色彩的设计。配色固然在设计中占着很重要的位置，但在 banner 的设计中，配色不可以比 banner 本身要传递给用户的信息更加出挑。为了突出 banner 中的内容，在核心内容的配色选择上可以选择饱和度较高的艳丽的色彩，吸引用户注意力的视觉中心，而作为辅助的背景则应该使用饱和度和亮度都比较低的颜色。同时，过多使用艳丽的颜色会产生视觉疲劳，引起用户的反感，如图 3-16 所示。位于上方的 banner 使用了过多的纯色，纯色过多使用会造成视觉疲劳；而位于下方的 banner 虽然没有使用繁多的颜色，只是利用了粉色来体现女性的温柔和母爱，字体的颜色选择也没有使用生硬的墨黑色，而是用了更舒服一些的灰色来代替，因此位于下方的 banner 在配色上更舒适，更胜一筹。

如果在 banner 的配色中出现了很多种不同的色调，那么通常这个配色是失败的，颜色使用过多会导致整个页面难以进行后续设计，所以高亮色只选择一种，应用在需突出的地方即可，比如按钮、标题等。

另外，还可以在保持色相不变的情况下，通过改变饱和度和亮度来搭配出一个单色方案，将最艳丽的颜色作为标题颜色，深一些的作为文字颜色，饱和度最低的作为背景色。或者使

图 3-16　banner 色彩应用对比

用色相环中的近似色、同类色、互补色和对比色来进行配色也是比较不错的选择。

还有一种方法，即可以直接从自然界中的自然生物上提取颜色，如直接从拥有着美丽色泽的海螺入手，就可以提取出很多漂亮的颜色搭配方案，如图 3-17 所示。

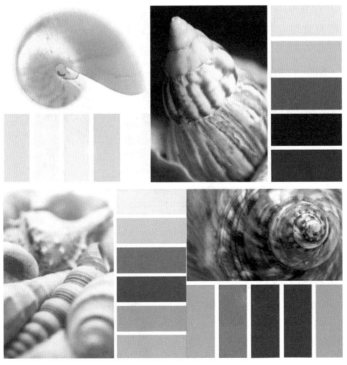

图 3-17　海螺配色

WEB DESIGN

3. 文字主导

在 banner 设计中，一般分为两个部分：一个部分为文字，另一部分为图片。图片占得面积虽多，但核心内容还是文字，所以在设计中对于文字的处理也是尤其重要的。Banner 版面有限，如果在标题很长的情况下，就要在标题设计中分出主次，突出重要内容，弱化不太关键的词汇，如图 3-18 所示。如果是标题文字整体过短，会导致画面太过空洞，这样的情况下则可加入一些辅助的文字或信息来丰富整体页面，或加入同义英文、网站域名、企业标语等，如图 3-19 所示。

图 3-18   banner 案例   图 3-19   banner 案例

另外，在设计 banner 标题时，最好选用通顺上口的标题语，文字尽量使用粗体，字体最好为两种搭配，但不要超过三种以上。在附加元素的添加上也要注意不要添加过多，这样会干扰用户对主题的识别。文字的颜色与背景底色要形成对比，不要使用接近的颜色会造成视觉上的阅读困难。

4. 趣味创意应用

在网页设计中大多数用户都喜欢轻松带有娱乐感觉的风格设计，这就需要发散设计师们的思维，多将一些有意思有创意点加入到 banner 设计中。如加入一些肢体语言让 banner 的画面整体感觉更生动一些，如思考，或者用手指的动作，这样的表现手法在 banner 中都可以展现出有趣的一面，如图 3-20 所示。

图 3-20   运用肢体语言 banner

适当地运用肌理效果和拼贴的手法让画面生动有趣也是 banner 设计中最受欢迎的方法之一，如图 3-21 所示。

另外，使用一些有趣的卡通图案也是不错的选择，如图 3-22 所示。

但在思考创意时不要过于隐晦，导致用户无法理解 banner 想要表达的直接含义而降低了 banner 的使用效率。

图 3-21 运用拼贴的 banner 设计

图 3-22 运用卡通图案的 banner 设计

3.4 banner 设计案例分析

banner 在整个网页页面中占据了相当可观的空间，也是最先映入用户眼帘的部分之一，也起到引导用户进行下一步点击的作用。因此，Banner 设计的好坏可以直接影响到用户对该网站的第一印象。下面就对两个不同网站中的 banner 进行案例分析，其中分析内容仅为个人观点。

首先我选择举例的是佳能相机在网页中的 banner 设计案例，如图 3-23 所示，此 banner 中左上角放置了品牌 logo，这样使该品牌在网页中得到了宣传，提升了品牌的知名度。字体清晰，标语朗朗上口易读易懂。采用经典的黑白红三色来进行搭配，与图片中照相机与镜头的

图 3-23 佳能相机 banner

颜色相呼应。并且在 logo 和售价"5860"这两部分文字上选用红色，让 logo 和售价更为显眼，在众多元素中脱颖而出，吸引用户的注意力。整体设计层次分明，布局合理，文字和图片的编排也顺应了用户的视觉习惯。按钮设置在文字下方，方便寻找；并且使用了"立即"这种带心理暗示的字眼，吸引用户进行点击。风格统一，颜色图文搭配合理。是一个集美观与效率于一体的 banner。

第二个案例选择的是一则售卖阻燃剂的广告 banner，如图 3-24 所示。首先，在设计布局上分为三部分，左面一部分为高大于长的长方形，右边分为上下两个长大于高的长方形，上方的长方形大于下方的长方形，上方用来展示产品的详细介绍，下面用来标注企业的联系方式。但在布局上左边的部分比较窄，而 logo 上的文字又比较多，就将 logo 向逆时针旋转了 180° 才能在相对窄的空间里摆下公司 logo。而这种将 logo 变形的方法并不是十分不恰当，最好的方式是另行排版，而不是将公司的 logo 进行旋转变形，不利于公司品牌形象的树立恢复。Banner 的右上部分，文字过于繁复，适当的图文搭配或者留白也是不错的选择，而在文字上使用过多的描边效果，会产生一种繁复的感觉，如能改进一下，将是一则不错的网页广告设计。

图 3-24　春峰集团 banner

3.5　banner 制作实训

Banner 在页面上占据着非常明显的位置，用或静或动的条幅来彰显着整个网站带给用户的第一感觉。本案例将带领大家完成一个虚拟的环保能源公司在网页中设立的 banner。

在本案例的设计制作中，将选用蓝绿为主色调行设计，以营造一个清新风格的 banner，最终效果如图 3-25 所示。

制作步骤：

1. 首先创建 600 像素 × 300 像素新文件，用油漆桶给背景添加一个颜色为 #dbd7d7 的灰色。首先绘制该企业的 logo：使用椭圆工具绘制一个长椭圆形，然后用直接选择工具将该椭圆形修整为图 3-26 的样子。

选中该图层，点击右键复制图层，复制出三个相同的图层，双击图层缩览图中前方带颜色的小方块进行变换颜色，如图 3-27 所示。

图 3-25　banner 最终效果

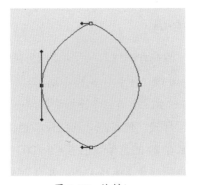

图 3-26　绘制 logo

图 3-27　改变形状图层颜色

　　共做出三个不同颜色的椭圆形，颜色分别为黄色：#ffd800、绿色：#00ff42 和蓝色：#00fff0。将三个椭圆形调整角度，图层不透明度调整为 50%。并在下方输入三叶环保四个字，如图 3-28 所示。

　　2. 在画布中间用矩形工具绘制一个长方形，如图 3-29 所示。

图 3-28　logo 效果

图 3-29　绘制长方形

WEB DESIGN

在长方形的上方，用椭圆工具绘制圆形。选择添加到形状区域按钮，如图 3-30 所示。绘制出多个圆形，像云朵一样，最终效果如图 3-31 所示。

图 3-30　叠加形状区域

图 3-31　绘制云朵效果

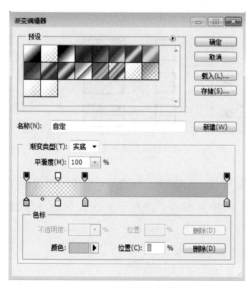

图 3-32　渐变叠加数值

将长方形与上方的多个圆形进行合并，摁住 ctrl 键，并点击该图层获得该图层选区，新建一个图层，在这个图层中添加一个渐变叠加图层样式。位置在 0 的色标颜色为 # f4c507，位置在 29 的色标颜色为 # ffcc00，位置在 100 的色标颜色为 # 0ed7d9，并在 15% 的位置上添加一个透明色，如图 3-32 所示。

将该图层不透明度调整为 31%，最终的效果如图 3-33 所示。

3. 接下来开始做最右边的地球，新建一个图层，绘制一个正圆形并在上面添加一个白色到深蓝色的径向渐变，如图 3-34 所示。

图 3-33　添加渐变效果

用钢笔工具绘制颜色为 #00ff30 的形状图形，如图 3-35 所示。

绘制完成后将该形状图层栅格化变为普通图层，再用橡皮擦把边缘，擦除凹凸不平的感觉，之后新建一个图层，获取地球图层的圆形选取，在新建图层上添加黄色到白色的径向渐变。之后将该带有渐变效果的图层的图层样式选为叠加，不透明度为 27%，最终效果如图 3-36所示。

用钢笔工具选择不同的颜色在地球的周围绘制楼宇形状，如图 3-37 所示。

接着为这些绘制好的楼宇绘制些窗户，使用矩形工具，选择白色，绘制出小方形，之后不断复制。最终效果如图 3-38 所示。

图 3-34　添加径向渐变

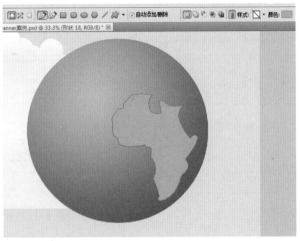

图 3-35　绘制图形

图 3-36　绘制地球最终效果

图 3-37　绘制楼宇

图 3-38　为楼宇绘制窗户

4. 接下来绘制左侧的花朵，选择自定义形状工具，点击形状旁边的小三角选择"自然"。如图 3-39 所示。然后选择樱花图案进行绘制，如图 3-40 所示。

绘制好樱花后，为樱花图层添加渐变叠加图层样式，渐变选择粉色 #d43ed2 到白色，径向渐变，如图 3-41 所示。

之后再添加一个紫红色 #4b0926 的描边。用钢笔工具为其绘制花梗，颜色依然为 #4b0926 的紫红色，之后复制花朵与花梗，将复制出的新花进行缩小和透视变形。最终效果如图 3-42 所示。

WEB DESIGN

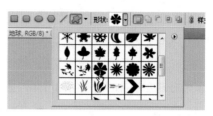

图 3-40　选择樱花图形

图 3-39　自定形状工具

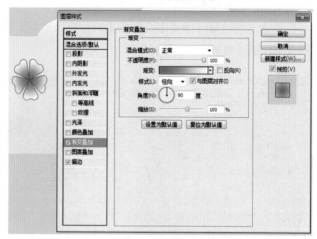

图 3-41　渐变叠加数值

图 3-42　花朵最终效果

5.在左侧和右侧分别用钢笔绘制两个形状,如图 3-43 所示。

并为这两个形状图层加上渐变叠加,左侧形状的渐变叠加为从蓝色到绿色 # 4eefe2 到 # 96ff00,如图 3-44 所示。

然后在该图层中点击右键,选择拷贝图层样式,如图 3-45 所示。

将左侧形状图层的图层样式拷贝在右侧形状的形状图层中,之后点开图层样式中的渐变叠加,在渐变栏旁边勾选反向,最终效果如图 3-46 所示。

图 3-43　形状绘制

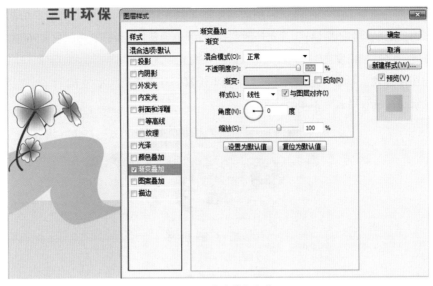

图 3-44 渐变叠加数值

图 3-45 拷贝图
层样式

图 3-46 右侧形状图层渐变叠加效果

之后在中间栏中和下方空白处添加相应文字，如图 3-47 所示。

图 3-47 添加相应文字

WEB DESIGN

6.最后为 banner 设计一个按钮,用圆角矩形工具在"地球"的下方绘制一个圆角矩形,之后为该圆角矩形添加图层样式,首先是渐变叠加:颜色为蓝色#4eefe2 到绿色#96ff00 的渐变,角度 102 度。之后加内发光:大小为 18 像素。外发光:大小为 5 像素。之后输入文字,并给文字添加图层样式。投影:距离为 1,大小为 1 像素。外发光:大小为 62 像素。内发光:大小为 6 像素。按钮效果如图 3-48 所示。

图 3-48   按钮效果

项目小结

本项目的目的在于让大家了解到 banner 的定义和 banner 在网页中发挥的作用,了解怎样设计 banner 和最后如何制作 banner。达到在认知方面了解 banner,设计方面理解基本的设计手法和设计技巧;制作方面要掌握 PhotoShop 中的钢笔功能和图层样式。

课后练习

1)制作售卖类 banner。

2)制作公益类 banner。

设计要求:设计方案要求内容准确、图标与文字搭配得体,整体设计清新舒适,体现出题目要求的质感和视觉效果。

学生作品:学生作品美巢饰品网店 banner,如图 3-49 所示。学生作品动物保护组织 banner,如图 3-50 所示。

图 3-49   学生作品:美巢网店 banner

图 3-50   学生作品:动物保护组织 banner

项目四　网页中导航的设计与制作

项目任务

网站中导航的设计与制作，需完成以下任务：

1）理解什么是导航；

2）掌握导航的设计手法；

3）掌握导航的设计技巧；

4）设计出有效的网站导航；

5）用 PhotoShop 软件制作出网站导航。

通过讲授使学生能够快速、准确地理解什么是网站中的导航，并掌握一定的设计技巧和设计手法，设计出符合网站要求的导航。

使用软件：Adobe PhotoShop。

重点与难点

1）理解导航的定义与作用；

2）掌握设计手法，运用设计技巧设计出有效的导航；

3）掌握 PhotoShop 中的工具技能。

建议学时

8 学时。

4.1　理解导航

在生活中我们处处可以看到导航：街头的路标、商场的指示牌、书中的目录标题等都是为了让人们能够在特定情况下得到更加便捷的帮助。如果导航的设计或者位置不合理，不但不会为用户提供便捷的服务，反而会令用户感到困惑，达不到欲求的目的，网站中的导航也是如此。

4.1.1　导航的定义

从字面意义上来讲导航是指为用户引导和为用户指定航线，从一个地方到达另一个地方的标识。导航分为很多种类，有汽车的导航、网址导航、手机导航等。在这里我们讲的是网站中的导航，一般的网站为了方便用户的浏览都会设计导航栏，引导用户访问网站的其他栏目、寻求帮助和进行分类等形式的总称，如图 4-1 所示。

图 4-1　肯德基官网导航

4.1.2　导航的作用

在网站中构建一个结构清晰的导航可以使访问者更流畅地浏览网站，在最短时间内找到想要的内容，提升了站内用户的操作和浏览效率。

　　导航可以说是网页设计中最重要的组成部分之一，用户浏览网站一定有其意图和目的，而导航正是帮助用户寻找信息的工具，就好比向导一样，告诉用户这个网站是干什么用的，内容有哪些，怎样去分类，在哪里能找到相关的信息，并且导航栏也是网页整体布局的重要组成部分。所以导航设计的合理相当重要，可以使用户更加容易快速地寻找到目标，并减少返回上一级页面的点击操作，增加效率，同时让用户使用起来更加舒适顺心。

4.2　导航的设计手法

　　导航栏的作用是引导用户的浏览路径，也类似于索引、帮助用户快速地达到其浏览目的的作用，因此需将导航设计得美观大方，并且相当实用。网站的导航设计恰当与否会直接影响到用户的使用。有些网站的网页因为导航设计得不合理会引起用户"迷路"的情况发生，甚至促使用户退出网站。

　　一般来说，导航如果设计得太过复杂，在一个页面中放置过多的内容或者标题文字容易产生歧义或不易理解等情况，这就要求在设计导航时要根据用户的需求进行人性化，更加合理的重新设置。如当用户从上至下浏览到网页的最下端之后，发现没有任何按钮和导航可进行链接，那么在底部设置一个简易的 html 文字导航或者设置一个"返回顶部"的按钮都是非常不错的方法，以避免用户关闭网页。

　　网站导航有各种各样的设计模式，有大家所熟知的通用模式，也有别出新意的创新型导航。一般情况下，导航的设计分为以下几个类别。

　　1. 顶部水平栏导航

　　顶部水平栏导航是目前最通用的网站导航栏设计模式之一，如图 4-2 所示。通常都放置在网站页面的顶部。顶部水平导航栏适合在主导航中显示 12 个以内的选项的网页，当用户点击时配合下拉子菜单也是非常不错的一种设计模式，如图 4-3 所示。这样可以显示更多的链接，而重要的信息还是会显示在顶部的水平导航栏中，这种设计方便且全面，对于用户来说使用上也会感觉舒适便捷。

　　顶部水平导航栏可以是文字链接或者以按钮，或选项卡的状态出现，一般放置在网站 logo 的旁边。顶部水平导航虽然通用于诸多类型的网站，但也存在一些缺点，比如对于导航内需要显示的内容由于空间有限有所限制，这对于小型网站只有几页专挑页面的网站来说是没有问题的，但对于有着庞杂信息且结构多样，模块众多的网站来说，顶部水平导航栏并不是最佳的选择。

　　2. 侧栏导航

　　侧栏导航适用于不同尺寸的屏幕，适合布局整洁明了的网站，利于用户的交互行为，让人对导航栏一目了然。侧栏导航的优点在于有足够大的表现空间，因而比较显眼也比较自由，设计者可以发挥创造力用一些独特的想法来为导航进行锦上添花的设计，如图 4-4 所示。

图 4-2　苹果官方网站 http://store.apple.com/

图 4-3　新百伦官网 http://www.newbalance.com.cn/

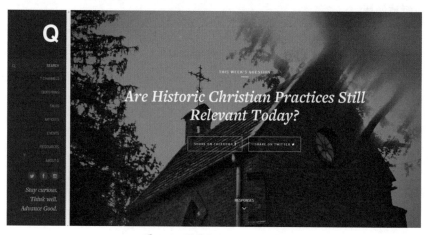

图 4-4　网站 http://qideas.org/

　　虽然侧栏导航可以设计为左栏或者右栏，但是根据用户的阅读习惯，位于左边的侧栏导航更为受用户所喜爱。除了顺应用户的阅读习惯之外，侧栏还适用于有很多链接的网页。侧栏可以单独使用，也可以设计子菜单一起使用，如图 4-5 所示，可以设计为文字链接或者图片的模式。如果要放置过多的链接，有可能会导致侧栏导航过长而不便于用户浏览。所以可尝试对于侧边导航进行分类的设计，便于用户使用。

图 4-5　麦当劳官网 http://www.mcdonalds.com.cn/

　　3. 选项卡导航

　　选项卡导航是由按钮形式来表现的菜单，这种类型导航的设计比较随意，可以设计为仿真效果，看起来很有质感的标签；也可以设计为扁平化，仅有简单边框的样式，如图 4-6 所示。此种方式适用于诸多网站，有较强的视觉效果，因其仿真的效果，比起其他样式的导航来说，选项卡导航能带给用户更亲切的使用感受。

　　选项卡导航虽然更加亲切，样式也比较自由，但它设计起来要比顶部水平导航栏困难一些，需要更多的图片、标签和 CSS 样式。并且选项卡导航也不适合多链接的情况下使用，选项卡导航更加适用于拥有子导航的网站，作为主导航来使用。

图 4-6　选项卡导航 http://www.Wire & Twine.com/

图 4-7　选项卡导航

4. 抽屉式导航

抽屉式导航在默认的状态下是不显示导航菜单的，当鼠标滑过或者点击右上角指定的图标时，第一层内容会被打开。当鼠标继续滑过或点击第一层内容中的某一个栏目时，第二层内容将会展开，或者在下方显示，如图 4-8 所示。这种如逐层打开抽屉式的导航能给用户一个清晰简明的使用体验，使用抽屉式导航来组织繁杂的信息内容是非常方便的一种选择，所以抽屉式导航通常被用来做复杂网站的导航设计。

图 4-8   抽屉式导航 http：//www.prada.com/

抽屉式导航需要使用 Java 和 CSS 来隐藏和显示菜单，这就需要网页设计师与网页制作人员共同完成。

许多售卖类网站都选用抽屉式导航，如图 4-9 所示。

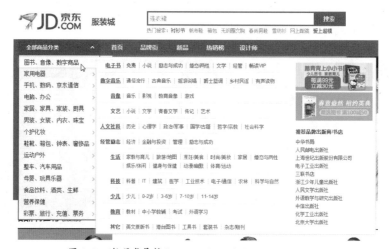

图 4-9   抽屉式导航 http：//channel.jd.com/fashion.html

4.3　导航的设计技巧

首先需要了解导航都由哪几个部分组成。虽然导航的样式各不相同，但导航栏的组成都是如出一辙的，首先是"返回首页"部分，这个部分可以使用文字"首页"或"返回首页"来表示，也可以用一个小房子的图标来表示，点击此类信息便会回到网站的首页中去，如图 4-10 所示。在一般网站中，直接点击网站 logo 也会转跳到首页中。

图 4-10　网站中的"返回首页"

第二个组成部分是导航中的栏目，也就是结构化后的每个子版块，不同的版块决定了不同的种类和内容，对于大型的网站来说，这些栏目还将会进行二次分类，产生二级导航。根据不同网站的不同内容，导航中的栏目也根据不同内容进行划分，通常都使用文字来表示。比如售卖类的导航中会对售卖商品进行分类，体育类网站会对不同的体育项目进行分类，等如图 4-11 所示。也有少数会用图标来显示，但内容复杂，信息量较多的栏目还是不适合用图标来展示，因为用户不一定能够准确地理解该图标的含义，会导致使用时的混乱。

图 4-11　导航中的栏目

第三个组成部分是搜索栏，如图 4-12 所示。搜索栏对用户搜索信息内容来说是极其重要的工具，对于那些大型的网站是必备的一个组成部分，当用户没有心情和时间在网站中闲逛而是直接想要去寻找需要的内容时，搜索栏就是一个非常好的选择。

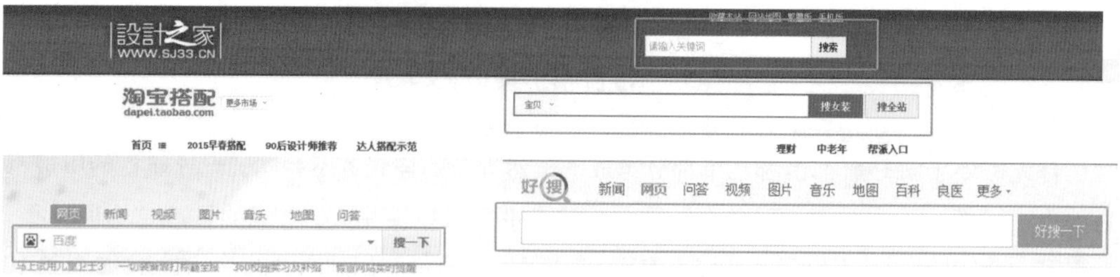

图 4-12   搜索栏

第四个组成部分是导航栏中的附加工具，例如：帮助、联系我们、留言、公司地图等，如图 4-13 所示，虽然这些并不属于网站的主要内容，但也是一些相关的重要信息。但导航栏的空间必定有限，所以附加功能放置一两个尚可，放置太多会造成喧宾夺主的后果。此外，也有很多的网站把这些附加功能放置在网页的底端。

图 4-13   附加功能栏

接下来要讲的是导航栏中的栏目内容。导航栏中的内容通常是由文字、图标，或文字加图标的形式组成。首先介绍一下单独用文字作为内容的栏目，也是应用最为广泛的一种。当开始构建网站框架时，导航上面的内容就需基本敲定，这样方便后续分类别地处理各种各样的信息内容。之后，栏目中的内容会根据用户的反馈和调研来进行调整。以一个售卖网站的首页为例，初步定稿如图 4-14 所示，接下来是用户的使用反馈和对用户进行调研，可采用词汇联想法，把导航中潜在可能分类的栏目展示给用户，让用户提出看到这些栏目内容的第一印象，以此来确定用户是否真正理解我们在导航中设计栏目的用意，和这些栏目的区别是否明显。经过一番调研和测试之后，改善后的导航如图 4-15 所示。"返回首页"过于啰唆，可直接用"首页"来代替，把"关于我们"改成了"品牌故事"后，更注重网站的品牌形象。"打

图 4-14   导航举例

图 4-15   修改后的导航

折的商品"过于直白，改为"促销专区"。优化之后的导航更加具备实用性，也更被用户所认可和接纳。

比起纯文字模式，图标加文字的栏目内容也被普遍使用。首先是图标，符号和图标在数字产品中的应用已经十分的普遍，图标从视觉的角度加深了人们的记忆和识别也更加全面地阐释了导航中栏目的内容。当然在设计中使用的图标并不是设计者们异想天开的设计作品，而是也要根据用户的使用反馈，能够让用户一眼就明白所设计的图标代表着什么含义才是好的设计。比如首页用房子的图标来代表，购物清单用超市购物车的造型图标来表示，联系我们用电话话筒或手机或 e-mail 的图标来表示等，如图 4-16 所示。

首页图标　　　　购物车图标　　　　联系图标

图 4-16　导航图标

另外，在图标的设计和使用上，避免使用效果太强烈，装饰太复杂的图标，并避免导航中栏目的重复，容易导致用户使用时产生混淆。图标与图标之间要使用相同的风格，避免造型差距较大，风格迥异的图标出现在一个导航中，确保导航中内容的统一和完整。

除了结构清晰和内容表达明确之外，导航的设计还需要一些小创意才能增加用户在使用时的兴趣，提升好感，别出心裁的创意才能让用户铭记于心。下面列举几个有创意的导航。

1. minimalmonkey 网站，标题列表在页面中滚动浏览，感觉像是手指在书架中选择书籍一般，每一次鼠标悬停都会将一个独立项目颜色变得鲜艳，而其他未被鼠标滑过区域则变得暗淡，如图 4-17 所示。当鼠标悬停在页面顶端中间的小猫图标上时，小猫还会做出一个调皮的上跳动作。当鼠标点击其中一个栏目的时候，该栏目会做从中间向两边伸展，并在中间展开详细内容，整个浏览过程都十分流畅。

图 4-17　创意导航 http://minimalmonkey.com/

　　2. eatdrinkinc 网站的导航设计在左侧边栏。图标和文字设计的风格轻松活泼，多种字体搭配的方式显得十分俏皮，并且当鼠标悬停在某一个栏目中时，右侧的窗口中就会显示与左侧栏目内容同样的图标进行指引，如图 4-18 所示。并且在二级页面中的导航也同样充满创意，如图 4-19 所示。左侧导航栏依然延续了首页导航的风格，使用了多种字体组合，体现出的俏皮可爱的感觉，右侧又增加了一个导航栏，方便用户进入其他的栏目和返回首页。

图 4-18　创意导航 http://eatdrinkinc.com/

图 4-19　创意导航

　　3. osbornbarr 的网站导航设计为隐藏式，点击左上角的按钮才会显现导航，如图 4-20 所示。并且鼠标由箭头变成了叉型，在任何一处进行点击都将在此关闭网站导航栏。并且导航中有几个栏目为相关内容的缩略图，让用户对想要进入的是怎样的一个信息内容一目了然。

图 4-20　创意导航 http://osbornbarr.com/

4.4　导航设计案例分析

　　首页中的导航可以说是网站整体内容框架的总结，用户通过导航就大致能了解这个网站的定位和功能。因此导航对于网站有着至关重要的作用。下面将对两个网站的导航设计进行分析。

　　首先要分析的是优衣库的网站导航设计，如图 4-21 所示。在优衣库官网的导航设计中，采用了水平导航栏，在结构上是一个独立的模块，足够醒目，便于用户识别。在颜色上，该导航采用了由白色向深灰色递进的五个颜色来组成，每个颜色板块又将导航中的栏目进行了归类。二级目录中的分类也很细致和清晰，在右侧还特意做了特辑和特别推荐，方便用户点击，以免用户错过网站活动。并且，导航符合网站整体风格，并体现了每一个小细节，包括线框的颜色和字体的选择，每一个层级的导航颜色都是由深到浅，让用户有一种循序渐进的秩序感，

图 4-21　优衣库官网 http://www.uniqlo.cn/

WEB DESIGN

整个导航的区域颜色搭配也十分的统一和恰当，鼠标悬停后出现的效果也十分舒适。导航做到细节的统一，不仅使网站整体效果美观大方，也缩减了用户因这种页面转跳而产生的思考和反应的时间，提高效率。

第二个要进行分析的是易迅网，如图 4-22 所示。易迅网的首页由于项目众多给人第一感觉有些凌乱，视觉焦点容易被分散开来，主导航位于顶部中间，在结构上没有作区分，而在颜色上比网站主色有些加深，文字没有做结构调整和划分，有些栏目的内容不便理解，增加了用户使用时的困惑。左边栏分类较细，但重复名目较多，归类不够系统，使用户在查找时会浪费一些时间，可以从这些方面做一些改进。

图 4-22   易迅网 http://www.yixun.com/

4.5   导航制作实训

本案例将完成一个虚拟的电子商务网站首页中的导航设计，最终效果如图 4-23 所示。

图 4-23   导航最终效果

制作步骤：

1. 新建 4500 像素 × 1500 像素文件。首先制作导航的背景：使用油漆桶工具，填充图案，图案类型选为"艺术表面"列表中默认第 8 个图形，如图 4–24 所示。

填充后的效果如图 4–25 所示。

之后新建一个图层，在这个图层中填充颜色为 # 4b8c88 的一个蓝灰色，并将图层样式选为叠加，填充调整为 50%。再次新建一个图层，在这个图层中添加由白到黑的径向渐变，将该图层样式选为叠加，并将填充改为 50%，最终效果如图 4–26 所示。

图 4–24　填充图案

图 4–25　填充效果

图 4–26　背景最终效果

2. 使用圆角半径为 50 像素的圆角矩形工具组合椭圆工具绘制图形，并为该图形添加图层样式，渐变叠加：渐变颜色为深蓝灰色到浅蓝灰色，# 526273 到位置为 60% 的 # 8a99aa，如图 4–27 所示。

将该形状图层栅格化变为普通图层，摁住 ctrl 点击该图层获取该图层的选取，新建一个图层，点击选择→修改→收缩，收缩 30 个像素，并为该选取添加一个深灰到浅灰的渐变，渐变颜色为 # 60738a 到 # 8297af，效果如图 4–28 所示。

沿着圆角矩形与椭圆形组成的新形状绘制路径，绘制完路径之后，选择钢笔工具放置在路径中，当图标显示为 T，中间有波浪标志时，如图 4–29 所示。沿路径输入减号标志"–"，最终效果如图 4–30 所示。

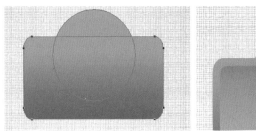

图 4–27　绘制图形

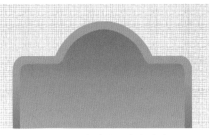

图 4–28　新建缩小渐变图层

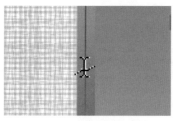

图 4-29　沿路径书写标志　　　　　图 4-30　沿路径绘制 "-" 的效果

绘制颜色为 #83919e 和颜色为 #6d7b8b 的两个三角形，如图 4-31 所示。

将两个三角形合并图层并不断旋转复制 360°，摁住 ctrl 点击选区缩小 30 像素后的圆角矩形与椭圆形组成的不规则图形所在的图层，获取该图层选区，之后选择→反向，删除多余部分，最终效果如图 4-32 所示。

图 4-31　绘制三角形　　　　　　图 4-32　旋转三角效果

3. 绘制圆角半径为 25 像素的圆角矩形，并为其添加图层样式，投影：距离为 13，扩展为 0，大小为 13。渐变叠加：颜色为 #526273 到位置为 60% 的 #8a99aa。描边：大小为 3 像素，填充类型选择渐变，渐变颜色为 #585555 的灰色到白色。新建一个图层，获取圆角矩形的图层选区，只留上方三分之一部分并填充渐变白色到透明，最终效果如图 4-33 所示。

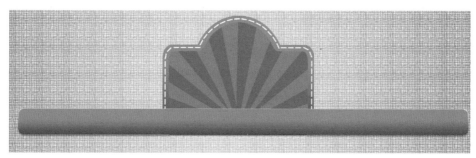

图 4-33　圆角矩形效果

4. 绘制栏目分隔符，使用文字工具，改文字方向为垂直，如图 4-34 所示。输入 5 个颜色为白色的字母 "I"，复制该文字图层，将颜色改为深灰色,并向右稍微移动,效果如图 4-35 所示。将两个文字图层进行栅格化并合并，复制出其他的分隔符。

5. 使用自定形状工具，选择横幅和奖品选项，选择旗帜进行绘制，绘制好之后点击编辑→变换→垂直反转，并用直接选择工具对路径进行稍微修改，之后为该形状图层添加图层样式渐变叠加，渐变颜色为 #f2a6b2 和 #a8626a 两个颜色相互交叉，如图 4-36 所示。最终样式如图 4-37 所示。

图 4-34　改编文字方向

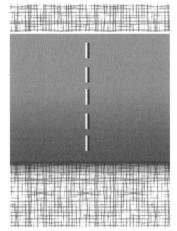

图 4-35　绘制栏目分隔符

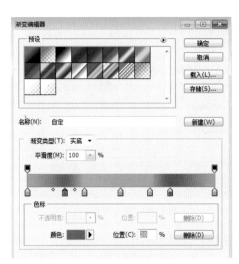

图 4-36　渐变叠加

图 4-37　横幅绘制

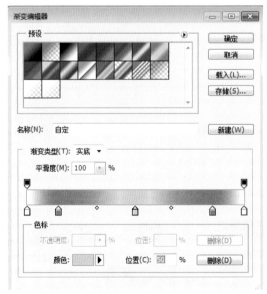

图 4-38　渐变叠加

图 4-39　横幅最终效果

　　获取横幅图层的选区，缩小 3 像素，新建图层并为该图层添加图层样式，渐变叠加：颜色为从白色到橘色 # ff6e02 到黄色 #ffff00 再到橘色，最后到白色的一个渐变，如图 4-38 所示。之后再将选区缩小 6 像素，并删除选区内容，最终效果如图 4-39 所示。

　　输入文字，并将文字变形，如图 4-40 所示。

　　在上部输入"logo"，并为其添加图层样式，投影：选择一个灰色，距离为 9，扩展为 0，大小为 0。渐变叠加：颜色为深黄色到浅黄色 #dfb200 到 # eedd2b。效果如图 4-41 所示。

　　在导航栏内输入相应文字，文字添加图层样式投影：距离为 3，大小为 1。最终效果如图 4-42 所示。

图 4-40　文字变形　　　　　　　　　　图 4-41　文字效果

图 4-42　最终效果

项目小结

本项目的目的在于让大家了解导航的定义，怎样设计导航和最后如何用 PhotoShop 软件制作导航。达到在认知方面了解导航的定义和作用；设计方面理解基本的设计手法和设计技巧；制作方面要掌握 PhotoShop 软件中的绘图工具和图层样式。

课后练习

1）制作英文版导航。

2）制作网站首页导航。

设计要求：设计方案要求完整、明确，设计出的导航能让使用者一目了然。文字使用清晰，内容完整，使用简便。

学生作品：学生作品英文网站导航，如图 4-43 所示。学生作品熊猫网站首页导航如图 4-44 所示。

图 4-43　学生作品：英文网站导航　　　　图 4-44　学生作品：熊猫网站首页导航

项目五　网页的制作

项目任务

1）了解 HTML 语言的定义与语法格式；

2）掌握 HTML 语言中基本标签的使用；

3）了解 CSS 样式的概念和语法格式；

4）掌握 CSS 选择器的使用；

5）掌握 CSS 中基本属性的含义与功能。

使用软件：DreamweaverCS4。

重点与难点

重点：1）HTML 语言的语法结构与基本标签的使用；

2）使用 HTML 进行图片插入，链接制作，绘制表格，添加段落标记等；

3）DreamweaverCS4 软件中 CSS 选择器的使用。

难点：1）HTML 与 CSS 综合应用；

2）CSS 样式的内联样式表、内部样式表与外部样式表的使用；

3）CSS 样式属性的功能。

建议学时

28 学时。

5.1　HTML 语言

　　Web 自 20 世纪 90 年代早期出现以来，已经迅速发展成一种成熟的、无处不在的媒体，与出版物、广播电视鼎足而立。Web 是一个巨大的信息仓库，涵盖了人类生活中能够想象到的各方面的内容，已经成为人类生活不可或缺的组成部分。但就其本质而言，Web 依旧是一种共享文档的手段。这些被共享的文档存放在服务器之中，通过超级链接相互关联并通过用户的访问操作显示在用户的浏览器上。Web 页面构建的基础，是 HTML。本节将介绍如何通过 HTML 创建 Web 页面。

5.1.1　HTML 语言定义

　　要将文本、图像等媒体相互组合，变为可以在网络上共享且被网页浏览器所显示的内容，就必须具有能够将分布在不同地方的内容进行相互连接的技术，超文本技术便应运而生。其利用超链接的方法，将各种不同空间的信息组织在一起，并使用规范的用户界面范式显示文本及与文本之间相关的内容。超文本普遍以电子文档方式存在，其中包含可以连接到其他位置信息的内容，允许从当前阅读位置直接切换到超文本所指向的位置。日常浏览的网页上的超级链接就属于超文本。使用超文本对媒体内容进行组织，就需要使用 HTML 语言。

　　HTML（HyperText Markup Language），即超文本标记语言，是一种将普通文档转化为可以在 Web 上使用，并能够通过网页浏览器进行显示的网页文档的计算机语言，是构成网站页面的主要基本语言。它通过标记的指令将文字、图片、声音、视频等连接并显示出来，掌握 HTML 标记语言是做好一个网站最基本的要求。

5.1.2　标签、元素和属性

1. 标签

标签是一种经过编码的符号，HTML 作为一种标记语言，标签是其关键，用于分隔和区分页面内容的不同部分，并告知网页浏览器如何处理这些内容。在 HTML 中，标签的名称准确描述了它们的用途和它们所标注内容的类型。如段落、标题、图像、表格、超级链接等。

在 HTML 中，标签被包含在一对尖括号（<>）之间，用于将标签与文本进行区分。基本格式为 "< 标签名 >"。如表示换行的标签：
。需要注意的是，在 HTML 中，标签的名称不区分大小写，
 与
 没有本质的区别。但是随着 HTML 的不断发展与修正，尤其是 XHTML（可扩展超文本标记语言，可理解为一种增强型的、更严谨且更纯净的 HTML 版本）的出现，严格规定了标签名称必须为小写，所以本章内容中的所有标签名称都使用小写字母进行书写。

绝大多数的标签在使用时都成对出现，这类标签称之为 "双标签"。如 "<p>" 与 "</p>"。其中，第一个标签称为开始标签，用于表示一个内容片段的开始；第二个标签称为结束标签，用斜杠 + 开始标签名表示，用于标注这个内容片段的结束。

例如：

<p> 这是一个段落！</p>

又如：

<h1> 这是一个一级标题！</h1>

极少数的标签可以单独使用，这类标签称为 "单标签"。这类标签往往实现其特定功能而不需要对页面中其他内容进行控制，也就不需要将其作用的页面内容进行包围。如表示换行的标签
、表示水平分割线的标签 <hr /> 等，都属于单独使用的标签。但这种标签也需要表示标签的开始和结束，它使用的方法是在一对尖括号中使用标签名表示开始，使用斜杠表示结束。两者之间使用空格间隔，虽然这个空格在 HTML 中不是强制性要求，但为了能够被所有网页浏览器都正确识别，请不要将空格省略。

2. 元素

成对使用的标签和它们之间包围的一切内容形成一个完整的元素。元素是 HTML 文档的基本组成要素。虽然在老版本的 HTML 中有些元素不需要结束标签，但是为了可读性和利于向 XHTML 转型，本章中的元素同样使用 XHTML 的要求，即成对出现的标签必须书写结束标签。本章后续内容中涉及的 HTML 文档的部分，均按照 XHTML 的格式要求进行书写。

而那些极少数单独使用的标签，表示空元素。

3. 属性

属性可以对元素内容进行进一步的控制，为其提供更多的信息。属性由属性名和属性值组成，之间使用 "=" 进行连接，并且属性值要使用英文双引号（""）或单引号（''）括起来。

属性书写在开始标签的标签名的后面，并使用空格进行间隔，如果该元素具有多个属性，那么多个属性连续书写，之间使用空格间隔。

一个完整的 HTML 元素如图 5–1 所示。

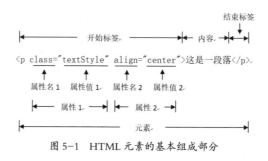

图 5–1   HTML 元素的基本组成部分

5.1.3   HTML 文档结构

HTML 文档结构是 HTML 最基本的内容。一个 HTML 文档一般要包含四个部分：<html> 元素、<head> 元素（头部元素）、<title> 元素（标题元素）和 <body> 元素（主体元素）。其文档结构如下：

<html>
　<head>
　　<title> 网页标题 </title>
　</head>
　<body>
　　这是网页的主体内容。
　</body>
</html>

1.<html> 元素

<html> 元素（<html>、</html> 标签及这两个标签之间包含的内容）是 HTML 文档中必须使用的元素，用来标识 HTML 文档的整体内容，所有的文档内容都要写在 <html> 元素中。语法结构为：

<html>HTML 文档内容 </html>

2.<head> 元素

<head> 元素的作用是定义 HTML 文档的头部信息，紧接着 <html> 标签书写，它包括网页的标题、网页说明、文字编码、搜索关键字等内容。在网页浏览器中，头部信息并不被显示在网页的正文之中，但对网页的显示至关重要，并且网页浏览器在读取 HTML 文档时，都是从 <head> 元素开始。其语法结构为：

<head> 头部内容 </head>

3.<body> 元素

<body> 元素用来定义页面所有显示的内容，页面的信息主要通过页面的主体元素来传递。

写在 <body> 与 </body> 标签之间的页面内容都会被网页浏览器显示出来。由于网页中显示的
文本、图片、动画、视频等内容都要写在 <body> 元素之中，所以它也是包含其他 HTML 元素
最多的元素。其语法结构为：

<body> 页面主体内容 </body>

4.<title> 元素

<title> 元素用于定义网页的标题，其内容显示在网页浏览器窗口的标题栏中。<title> 元素
嵌套在 HTML 文档的 <body> 元素中。其语法结构为：

<title> 这是网页的标题 </title>

5.1.4　HTML 语言项目实训

1.网页制作工具

Dreamweaver CS4 是 Adobe 公司推出的一款专业网页设计软件，其强大的功能和易操作性
使其成为网页设计开发软件中的佼佼者，其所见即所得的网页设计功能及友好易用的操作界
面，深受网页设计开发人员的喜爱。它集网站创建与管理、网页设计与开发于一身，并可通
过其自身调试命令快速调用不同网页浏览器进行网页调试，在很大程度上提高了网页及网站
开发的效率，图 5–2 为 Dreamweaver CS4 操作界面。

图 5–2　Dreamweaver CS4 操作界面

2.创建一个网页文件

在 Windows 的 开 始 菜 单 中 运 行 Dreamweaver CS4 命 令 或 者 双 击 桌 面 上 的 Adobe
Dreamweaver CS4 图标，运行 Dreamweaver CS4。鼠标单击菜单"文件"–"新建"，在弹出的
"新建文档"对话框中选择"页面类型"为"HTML"、"布局"为"无"，并单击"创建"按钮，
如图 5–3 所示。

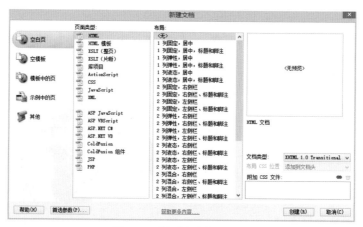

图 5-3   "新建文档"对话框

可以对新建的 HTML 文档同样使用文档工具栏中的"拆分"按钮，同时显示文档的代码视图和设计视图。

本小节主要是对 HTML 语言进行实训，故在网页的制作过程中，主要在代码视图进行 HTML 语言的代码书写，并在设计视图中观察结果，待学习完 CSS 样式以后，再综合使用代码视图与设计视图进行页面设计。

3. 修改网页标题

在前面的内容中提到，网页标题使用 <title> 元素进行描述，是 <title> 与 </title> 标签之间的内容，故修改网页标题只需修改 <title> 与 </title> 标签之间的内容即可。例如将网页标题修改为"如何修改网页标题"，那么在网页浏览器中进行预览时，就可以在浏览器的标题栏显示该标题。图 5-4 为修改的 <title> 元素内容，图 5-5 是在网页浏览器（以 Internet Explorer 为例）中的显示效果。

图 5-4   在 HTML 文档中修改网页标题

图 5-5   在网页浏览器中显示的标题

需要注意的是，<title> 与 </title> 之间的内容都会被网页浏览器作为网页标题进行显示，即使有的时候希望使用一些类似加粗（<b> 与 </b> 标签）来试图修饰标题文字，但其标签本身将会被原样显示在标题栏中，而不能达到加粗标题的结果。

4. 插入段落标记与换行

如果在网页中的内容是由文本段落组成，为了使页面文字整齐美观，可以为文本添加段落标记和换行，对其进行排版。分别使用 HTML 中的段落标签和换行标签来实现。

下面就对唐代诗人李白的诗句进行排版，实现的效果如图 5-6 所示。

图 5-6　使用段落与换行标签对诗句排版效果

1）使用段落标签 <p>

<p> 标签为段落标签，用于对文本进行分段。该标签为双标签，在使用过程中需成对使用，将段落的文本内容包含在开始标签 <p> 与结束标签 </p> 之间。其语法结构为：

<p> 段落内容 </p>

需要注意的是，使用段落标签后，段落内容在网页浏览器中显示时，会与其上下的其他网页内容产生一个空行的间隔，表示其自身为一个段落。

在 HTML 文档的 <body> 与 </body> 标签之间输入如下内容：

<p> 黄鹤楼送孟浩然之广陵 </p>

<p> 作者 :【唐】李白 </p>

<p> 故人西辞黄鹤楼，烟花三月下扬州。孤帆远影碧空尽，唯见长江天际流。</p>

即可将整首诗分为三个段落，图 5-7 为使用 Dreamweaver CS4 进行 HTML 文档编辑时的情况，在代码视图中输入 HTML 代码，鼠标点击设计视图时就可以在设计视图中看到该网页在浏览器中显示的效果。

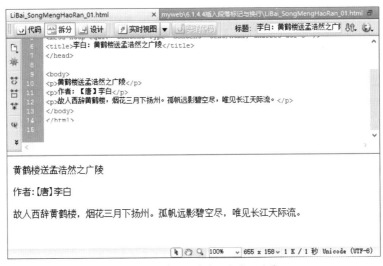

图 5-7　段落标签的使用方法及效果

2）使用换行标签

 标签为换行标签，用于将段落中的文本进行换行，使用该标签后，其后面的文本将另起一行进行显示。由于换行标签只起到换行的作用而未分段，故换行后并不会出现空行的情况。换行标签为单标签，在使用过程中，只需要在需要换行的位置输入
 即可。

为上面诗句正文的部分添加换行标签，将其分为两行，如图 5-8 所示。

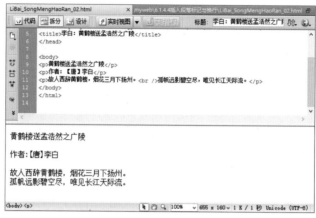

图 5-8　使用换行标签

3）使用标签的 align 属性

align 属性为对齐属性，用于控制该属性所在元素相对于上一层元素的水平对齐方式。共有 4 个属性值，分别为 center、justify、left、right，分别表示对齐方式为居中对齐、两端对齐、左对齐和右对齐。在使用时，放在开始标签名的后面并以空格间隔。

为上面 HTML 文档中的段落标签添加居中对齐，就可以完成最终的排版结果，如图 5-9 所示。

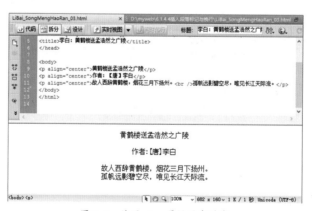

图 5-9　使用 align 属性居中对齐

需要注意的是，并非所有标签都具有 align 属性。使用 Dreamweaver CS4 的代码提示功能可以帮助网页开发人员轻松确定哪些标签具有该属性。

5. 设置标题文字

标题是一段内容的题目，是对内容的简介和对所表达中心思想的概括。在 HTML 中，使用 <h#> 标签来设置标题文字，其中 # 为 1~6 之间的六个自然数（包括 1 和 6），用于表示不同的标题样式。默认情况下数值越小，其标题文字的字号越大。<h1> 至 <h6> 字号依次降低，而形成了标题的级别。

<h#> 标签为双标签，标题文字放在 <h#> 与 </h#> 之间。其语法格式为：

<h#> 标题文字 </h#>

在 Dreamweaver CS4 中新建一个 HTML 文档，在代码视图的 <body> 与 </body> 之间输入表示 6 种不同样式标题的代码，刷新设计视图即可查看对应的标题样式和它们之间的区别，如图 5–10 所示。

图 5–10　6 种不同的标题样式

这样，就可以使用文字标题的方式对李白的诗句更改一下排版样式，在 Dreamweaver CS4 的代码视图中，将"黄鹤楼送孟浩然之广陵"两边的段落标签 <p> 和 </p> 分别替换为标题 3 标签 <h3> 和 </h3>，即可得到图 5–11 所示的结果。由于标题标签和段落标签一样，会使显示的内容与其上下的其他网页内容产生一定的间隔，所以在更改时，不用担心去掉段落标签会影响标题与作者之间空行的效果。

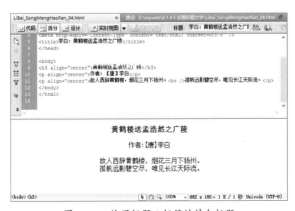

图 5–11　使用标题 3 标签的诗句标题

6. 创建超级链接

超级链接是 HTML 文档基础而重要的功能，它是区别于其他文档的显著特征，它描述的是从一个内容指向另一个内容的链接关系，连接到的内容可以是自身网页中的一个位置，也可以是另一个网页、一个图片、一个文档、一首歌曲、一个文件等。

在 HTML 中，使用标签 <a> 创建超级链接。<a> 标签为双标签，开始标签 <a> 和结束标签 </a> 之间的内容作为超级链接的标记，可以是文字，也可以是图像。使用 <a> 标签中的 href 属性描述链接到的目标地址。其语法结构为：

<a href="链接到的目标地址">超级链接标记 </a>

1）链接到自身网页内部位置

当链接到的目标地址为自身网页中的一个位置时，链接到的这个位置称为锚记点。描述该锚记点，使用 <a> 标签中的 id 属性。其语法结构为：

<a id="命名锚记名称"></a>

需要注意的是，命名锚记名称应使用英文命名。

这样，标签 <a> 中的 href 属性和 id 属性，就可以相互配合完成一个页面内部的导航。即 href 的值等于 #id，例如：

<a href="#mymark">链接到 Mark 位置 </a>

在链接到的目的地址具有命名锚记：

<a id="mymark"></a>

在使用网页浏览器调试该语句时，鼠标左键点击"链接到 Mark 位置"，网页将立即跳转到 mymark 命名锚记所在的位置并显示。

2）链接到本地目录

链接到本地目录指的是超级链接的目标位置为本地计算机上的某个位置，一般情况下这个位置与链接它的网页所在位置具有同级或上下级的位置关系，并且他们都处在同一个站点文件夹中。

3）链接到其他网站

使用超级链接标签 <a> 的 href 属性除了可以链接到自身网页位置、本地目录文件以外，还可以链接到其他网站或者其他网站的某个网页。例如链接到百度搜索引擎，需要设置 href 的值为："http：//www.baidu.com/"，链接到搜狐中超页面，需要设置 href 的值为："http：//sports.sohu.com/zhongchao.shtml"，如图 5-12 所示。

其中，href 属性的值，也就是其他网站的地址或者其他网站网页的地址，称为 URL（统一资源定位符）。这里链接到了百度搜索引擎，可以看到，在网址后面加上了斜杠"/"，虽然这个"/"不是必须的，但是为了符合 Web 标准，请不要省略。另外，需要注意的是，无论链接到的是一个互联网中的网站还是某个网站的网页，都要在 href 的属性值中将其 URL 填写完整，即必须加上传输协议（如 http：//），如果缺少，网页浏览器会认为链接到本地目录中的某个位置，而不会认为是互联网中的位置，会造成链接错误。

图 5-12 链接到其他网站或网页

7. 插入水平分割线

在 HTML 中，使用 <hr /> 标签创建一个水平分割线，作为不同内容之间的间隔。该标签为单标签，将其添加到需要创建水平分割线的位置即可，如图 5-13 所示。

水平分割线在显示上会在分割线的上下留出空白，该空白的大小与网页浏览器有关。另外，还可以使用 <hr /> 标签的 size、width、align 等属性控制水平分割线的粗细、宽度和对齐方式，但由于 CSS 的出现和使用，这些属性所表现出的效果已经逐渐被 CSS 样式所替代。

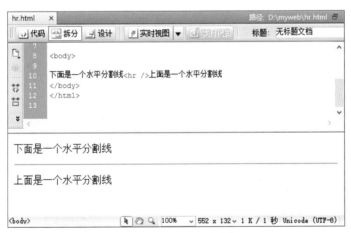

图 5-13 使用水平分割线

8. 插入图片

在 HTML 文档中，使用 <img> 元素引用图片。与网页中的文本包含在 HTML 文档中不同，图片是外部文件，是通过引用的方式在网页中呈现。在网页浏览器中显示一个图片，需要经过两个阶段，第一个是下载标记代码，只要检测到 HTML 文档中包含 <img> 元素，就进行第二个阶段，从服务器下载 <img> 元素所引用的图片并显示。

<img> 元素为空元素，它需要使用 src 属性对图片进行引用，该属性的值为图片所在的位置。同时需要使用 alt 属性，用于设置其替换文本。

其语法结构为：

<img src="图片的位置"alt="图片的描述性文字"/>

<img>的 src 属性和 alt 属性是使用 <img /> 标签必不可少的两个属性，可能在一些 HTML 文档中可以看到缺少 alt 属性的情况，但这并非是严谨的使用方法。<img /> 的 alt 属性的作用是，当网页浏览器无法显示 src 属性引用的图片文件时，使用 alt 属性的值来代替图片在网页浏览器中显示。如果 src 属性引用的图片能够正常显示，则 alt 属性的值不被显示。图 5-14 为使用 <img> 元素的代码，图 5-15 为正常显示图片的情况，图 5-16 为不能正常显示图片的情况。

9.使用表格

表格是利用行和列整理数据的一种手段，它利用数据表的形式展现数据。表格在 Web 文档中很常见。

1）创建表格

在 HTML 文档中，使用 <table>、<tr>、<td> 元素来创建表格，图 5-17 展示了一个简单而又典型的表格代码。

其中 <table> 与 </table> 标签表示一个表格的开始和结束，其必须包含在 HTML 文档的 <body> 元素之中。<tr> 与 </tr> 标签表示表格中一行的开始与结束，其包含在 <table> 元素之中。

```
<body>
    <p>在这里插入一张图片<img src="pic/franconia.jpg" width="200" height="150"
        alt="这是一张早晨的照片，刚刚升起的太阳将温暖的阳光洒在一片向日葵田里。"
        title="早晨阳光下的向日葵田"/>
    </p>
</body>
```

图 5-14   <img> 元素的使用

图 5-15   图片正常显示

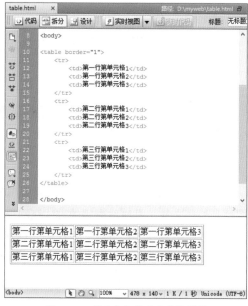

图 5-16   图片显示异常

图 5-17   创建表格代码及表格样式

<td> 与 </td> 标签标识一行中单元格的开始与结束，其包含在 <tr> 元素之中。<td> 元素之中的内容即为表格所显示的数据，包括文本、图片、视频、Flash 动画、链接和其他表格等几乎一切网页上可以呈现的内容。

<table> 标签中的 border 属性用于指定表格边框的宽度，其单位为像素。学习 CSS 样式后，该边框可以使用 CSS 层叠样式表进行设置，且样式较多。

2）使用 <caption> 标签指定表格标题

<caption> 标签用于为表格指定一个标题，网页浏览器会将这个标题居中显示在表格的上方，它不是表格中的某一行或者某一单元格中的内容，所以 <caption> 标签不包含在 <tr> 或 <td> 元素之中，而是直接写在 <table> 标签的后面。并且一个表格只能包含一个标题。其语法格式为：

<table>

    <caption> 这是表格的标题 </caption>

    ……

</table>

图 5-18 为一组学生简要个人信息表的 HTML 代码，图 5-19 为其在 IE 浏览器中的显示效果。注意代码中 <caption> 标签的使用。

```
<table border="1">
    <caption>一组学生简要个人信息表</caption>
    <tr>
        <td>姓名</td>
        <td>性别</td>
        <td>年龄</td>
        <td>出生年月</td>
        <td>籍贯</td>
    </tr>
    <tr>
        <td>张艳</td>
        <td>女</td>
        <td>19</td>
        <td>1996.05</td>
        <td>天津市</td>
    </tr>
    <tr>
        <td>王岩</td>
        <td>男</td>
        <td>20</td>
        <td>1995.07</td>
        <td>安徽省</td>
    </tr>
    <tr>
        <td>梁思蕊</td>
        <td>女</td>
        <td>20</td>
        <td>1995.03</td>
        <td>浙江省</td>
    </tr>
</table>
```

图 5-18　一组学生简要个人信息表的 HTML 代码

图 5-19　一组学生简要个人信息表

3）使用 <th> 标签指定行列标题

在使用表格展现内容时，基本上都会具有表示表格行或列属于哪些具体数据项的标题部分，一般为表格的第一行和第一列，其内容的文本格式与表格主体内容的文本格式会有所不同。在 HTML 中，使用 <th> 标签来指定包含在 <th> 与 </th> 之中的内容为行或列的标题。在具体应用上，只需在表格代码中使用 <th> 标签替代表示单元格的 <td> 标签即可。图 5-20 是在图 5-18 的基础上将表格第一行的内容定义为列标题的代码，图 5-21 是其在网页浏览器中的显示样式，可以看到它与单元格中内容的不同，即文本被加粗并居中显示。

10. 使用列表

HTML 支持无序列表和有序列表。

1）无序列表

无序列表是一个包含项目内容的序列，其各个项目使用粗体圆点进行标记。无序列表使用 <ul> 元素实现，列表项使用 <li> 元素实现。<ul> 和 <li> 均为双标签，每一个列表项都要放到 <li> 与 </li> 标签之间，而列表的所有列表项都要包含在 <ul> 与 </ul> 标签之间，如图 5-22 所示，图 5-23 为其显示效果。

```
<table border="1">
    <caption>一组学生简要个人信息表</caption>
    <tr>
        <th>姓名</th>
        <th>性别</th>
        <th>年龄</th>
        <th>出生年月</th>
        <th>籍贯</th>
    </tr>
    <tr>
        <td>张艳</td>
        <td>女</td>
        <td>19</td>
        <td>1996.05</td>
        <td>天津市</td>
    </tr>
```

图 5-20 行列标题与单元格在定义时分   图 5-21 <th> 元素与 <td> 元素中的内容
          别使用的 HTML 标签   在显示上的不同

```
<body>
    <ul>
        <li>HTML</li>
        <li>CSS</li>
        <li>JavaScript</li>
    </ul>
</body>
```

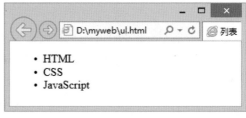

图 5-22 使用无序列表   图 5-23 无序列表的显示效果

2）有序列表

同样，有序列表也是一个包含项目内容的序列，其各个项目使用数字进行标记。有序列表使用 <ol> 元素实现，列表项使用 <li> 元素实现。<ol> 也为双标签，所有列表项都要包含在 <ol> 与 </ol> 之间，如图 5-24 所示，图 5-25 为其显示效果。

```
<body>
    <ol>
        <li>HTML</li>
        <li>CSS</li>
        <li>JavaScript</li>
    </ol>
</body>
```

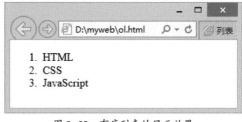

图 5-24 使用有序列表   图 5-25 有序列表的显示效果

需要注意的是，无论是无序列表还是有序列表，列表项内部可以使用段落、换行符、图片、链接以及其他列表等。

11. 多用途标签

1）<div> 元素

<div> 元素主要用于在 HTML 文档中建立一个逻辑部分，将具有相互联系的不同内容组织在一起，便于使用 CSS 定义其样式。如可以把一个网页中包含的 LOGO、名称，以及网页的导

航区域等内容包含在一个 <div> 元素中，用于与网页主体内容部分分离开来。<div> 元素中的内容必须放在开始标签 <div> 与结束标签 </div> 之间，且默认情况下该元素中的内容开始于一个新行，且占据整个可用的横向空间。

图 5-26 为 <div> 元素在 HTML 文档中的使用，其中开始标签 <div> 中的 id 属性，是使用了一个内部 CSS 的 id 选择器，用于控制 <div> 元素中文字内容的字体、字号与颜色，这部分内容将在本章后续小节中介绍。该 <div> 元素中的内容包含了一个 <h1> 元素（标题元素）和两个 <p> 元素（段落元素），其在 IE 浏览器中显示的效果如图 5-27 所示。

```
<div id="div-css">

    <h1>div元素的使用</h1>
    <p>div元素主要用于在一个HTML文档中建立一个逻辑部分，将具有相互联系
的不同内容组织在一起，便于使用CSS定义其样式。</p>
    <p>div元素中的内容必须放在开始标签&lt;div&gt;与结束标签&lt;/ div&gt;之间，
且默认情况下该元素中的内容开始于一个新行，且占据整个可用的横向空间。</p>

</div>
```

图 5-26 <div> 元素的使用

图 5-27 <div> 元素使用后的显示效果

2）<span> 元素

<span> 元素多用于某个文本段落的一部分，通过 <span> 标签的使用，改变一段文本某个部分的样式，同样该样式也是由 CSS 进行控制。如将上图标题文字中的"div 元素"几个字改为红色，就可以使用 <span> 标签进行控制。<span> 标签为双标签，须将元素内容写在 <span> 与 </span> 之间，如图 5-28 所示。图 5-29 为其显示效果。

```
<div id="div-css">

    <h1><span id="span-css">div元素</span>的使用</h1>
    <p>div元素主要用于在一个HTML文档中建立一个逻辑部分，将具有相互联系
的不同内容组织在一起，便于使用CSS定义其样式。</p>
    <p>div元素中的内容必须放在开始标签&lt;div&gt;与结束标签&lt;/div&gt;之间，
且默认情况下该元素中的内容开始于一个新行，且占据整个可用的横向空间。</p>

</div>
```

图 5-28 <span> 元素的使用

图 5-29 <span> 元素使用后的显示效果

WEB DESIGN

5.2 CSS 样式

CSS（Cascading Style Sheet），层叠样式表，是在 HTML 不断发展的过程中，为满足网页外观风格变化而产生的一种外观设置规则，用于网页中各种元素外观的设置，如页面排版方式、文字字体、背景颜色、列表样式等。CSS 的出现将 HTML 元素标记和该元素的显示样式相分离，使网页外观样式易于管理，也容易被各种网页浏览器所兼容。

5.2.1 CSS 样式表类型

CSS 层叠样式表分为三种类型：内联样式表、内部样式表与外部样式表。这三种样式表在使用上有所不同。

1. 内联样式表

内联样式表是直接使用 HTML 标签中的 style 属性进行设置的样式表类型。该样式只在使用了 style 属性的元素范围中有效。其语法结构如下：

＜标签 style＝"内联样式表"＞

需要注意的是，style 属性中可以设置多个样式规则，这些样式规则之间使用英文分号（；）间隔，如图 5-30 所示，使用内联样式表对第一段文字的大小、颜色和背景颜色进行了设置，其中大小设置为 26px，颜色设置为蓝色，背景颜色设置为灰色，显示效果如图 5-31 所示。

```
<body>
    <p style="font-size: 26px; color: #00F; background-color:#CCC">这是通过
内联样式表进行设置的文字</p>
    <p>这段文字并没有使用内联样式进行外观设置</p>
</body>
```

图 5-30　使用内联样式

图 5-31　是否使用内联样式

2. 内部样式表

内部样式表指的是直接在 HTML 文档中定义的，仅供该 HTML 文档使用的 CSS 样式表。内部样式表通过使用 <style> 标签进行设置，<style> 标签为双标签，样式表及其规则需要放到 <style> 与 </style> 之间。其语法格式如下：

＜style type＝"text/css"＞

<!--

样式表及其规则

-->

</style>

其中 <style> 标签的 type 属性表示文本的类型为样式表文件，type="text/css" 的写法为固定格式。"<!--" 与 "-->" 是 HTML 中的注释标记，用于表示其间的内容为注释内容，样式表及其规则必须写在开始标记 <style> 与结束标记 </style> 中的注释标记内部才能够有效。另外，内部样式表需要作为 <head> 元素的一部分，放到 <head> 与 </head> 标记之间以供调用，如图 5-32 所示。

```
<head>
<meta http-equiv="Content-Type" content="text/html; charset=utf-8" />
<title>内部样式表</title>
<style type="text/css">
<!--
.showText {
    font-family: "华文细黑", "黑体", "宋体";
    font-size: 18px;
    font-style: italic;
    line-height: 24px;
    color: #00F;
}
-->
</style>
</head>
```

图 5-32　使用内部样式表

3. 外部样式表

外部样式表是使用一个独立的 .css 文件保存样式规则的一种方式，在 HTML 文档中通过 <link> 标签调用该 .css 文件进行 CSS 样式的使用，而不用在 HTML 文档中重新定义，这样适合于网站中多个 HTML 文档均使用相同外观样式的情况。<link> 标签为单标签，在使用时，将标签中的所有属性设置完成后，需要使用斜杠（/）对标签进行结束。其语法格式如下，假设外部样式表文件放在 css 文件夹中，且文件名为 showText.css。

<link href="css/showText.css" rel="stylesheet" type="text/css"/>

其中 href 属性指定了外部 .css 文件的位置和名称；rel 属性用于告诉浏览器链接的是一个样式表文件，rel="stylesheet" 为固定格式；type 属性与内部样式表 <style> 标签中的 type 属性相同，表示文本的类型为样式表文件，type="text/css" 也是固定格式写法。

<link> 标签在使用时也必须要放在 <head> 与 </head> 标签之间，如图 5-33 所示。

```
<head>
<meta http-equiv="Content-Type" content="text/html; charset=utf-8" />
<title>外部样式表</title>

<link href="css/showText.css" rel="stylesheet" type="text/css" />

</head>
```

图 5-33　使用外部 css 样式表

需要注意的是，在同一个 HTML 文档中可同时使用多个 <link> 标签链接到多个外部 css 样式表。

5.2.2　CSS 选择器

CSS 选择器是 CSS 样式表控制 HTML 元素内容外观显示的一种方式，即通过 CSS 选择器告诉网页浏览器将样式应用于哪个 HTML 元素并如何显示元素内容。由于一个 HTML 文档中可以同时存在多种不同的样式规则，具体应用哪一个来显示就需要使用 CSS 选择器来指定。一般情况下在 HTML 文档中使用标签的属性与 CSS 选择器共同作用来达到指定 CSS 样式的目的。CSS 选择器分为：类选择器、id 选择器、标签选择器和派生选择器。

1. 类选择器

类选择器是对网页外观样式归类的选择器，它可以应用于任何 HTML 元素。在使用时通过 HTML 开始对标签的 class 属性进行指定。类选择器在命名时要在选择器名称前加上英文句号（.），以此来进行和 HTML 元素开始标签中的 class 属性关联。图 5-34 为类选择器的应用代码，其中"textCSS"为样式的名称，其前面加上了英文句号（.），两个大括号之间是该样式定义的规则。在 HTML 主体部分，包括段落标签 <p> 和多用途标签 <div>，这两个标签均使用 class 属性与 textCSS 进行关联，这样其元素内部的文字，将按照 textCSS 样式中的规则进行显示，效果如图 5-35 所示。

```
<head>
<meta http-equiv="Content-Type" content="text/html; charset=utf-8" />
<title>类选择器</title>
<style type="text/css">
<!--
.textCSS {
    font-family: "华文细黑", "黑体", "宋体";
    font-size: 24px;
    color: #00F;
    text-decoration: underline;
    background-color: #FF0;
}
-->
</style>
</head>

<body>
    <p class="textCSS">这是通过类选择器设置外观样式的一段文字</p>
    <div class="textCSS">这也是通过类选择器设置外观样式的一段文字</div>
</body>
```

图 5-34　类选择器的应用

图 5-35　类选择器在不同标签中的应用效果

2. id 选择器

id 选择器是在 HTML 中通过 id 属性对 CSS 样式进行关联的选择器。在一个网页中，每一个标签都可以指定一个 id 选择器，一个 id 选择器一般情况下也只指定给一个 HTML 标签，即使指定给多个 HTML 标签后网页浏览器还是会按照指定的 id 选择器对应的 CSS 样式进行显示。id 选择器在命名时会在名称前面加上英文 # 号（#）来进行标识。图 5-36 为使用 id 选择器的代码。在 <style> 标签中定义了名称分别为 text01 和 text02 的 id 选择器，并在其中分别规定了显示样式的规则。在使用中将标识第一段文字 <p> 标签中的 id 属性与 text01 相关联，第二段文字 <p> 标签中的 id 属性与 text02 相关联。在 IE 浏览器中的显示效果如图 5-37 所示。

3. 标签选择器

标签选择器是指使用 HTML 中标签名称作为 CSS 样式名的一种选择器形式。在 HTML 中，不同的标签都具有其默认的元素显示方式，标签选择器相当于将该标签默认的元素显示方式进行重新定义，当 HTML 文档中使用该标签时，就可以按照重新定义的样式进行显示。如图 5-38 所示，在 <style> 元素中使用标签选择器 p 重新定义了 <p> 元素内容的显示样式，虽然在 HTML 文档主体中 <p> 标签看似没有使用任何 CSS 选择器，但其元素内容在显示上已经使用了标签选择器规定的样式，如图 5-39 所示。

图 5-36　id 选择器的应用

图 5-38　标签选择器的应用

图 5-37　id 选择器的使用效果

图 5-39　使用标签选择器的显示效果

4. 派生选择器

派生选择器指组合使用多个选择器，一个选择器中包含另一个选择器的情况。在使用的过程中只有当出现派生选择器指定的包含关系时，才应用该选择器中的 CSS 样式，主要应用于对特定标签或选择器的子对象应用 CSS 样式的情况，增强了 CSS 样式应用的灵活性。派生选择器在定义时将多个选择器依次排列并使用英文空格间隔。

```
<style type="text/css">
<!--
p {
    font-family: "华文细黑", "黑体", "宋体";
    font-size: 24px;
    color: #000;
}
th p {
    font-size: 16px;
    color: #00F;
    text-decoration: underline;
    font-family: "微软雅黑", "宋体";
}
-->
</style>
</head>

<body>
<table width="480" border="1" cellspacing="1">
  <tr>
    <th scope="col"><p>派生选择器文字1</p></th>
    <th scope="col"><p>派生选择器文字2</p></th>
    <th scope="col"><p>派生选择器文字3</p></th>
  </tr>
</table>
<p>没有应用派生选择器的文字</p>
</body>
```

图 5-40　派生选择器的使用

派生选择器代码如图 5-40 所示，在 <style> 元素中使用标签选择器 p 重新定义了 <p> 元素内容的显示样式，同时使用派生选择器 th p 定义了在单元格 <th> 元素中的 <p> 元素内容的显示样式。虽然都对 <p> 元素的显示样式进行了重新定义，但它们会按照是否在 <th> 元素内部来自动调用对应的样式进行显示，显示效果如图 5-41 所示。

需要注意的是，上面的例子中使用的是两个标签选择器组成的派生选择器，实际上可以使用类选择器、id 选择器和标签选择器的任意搭配，构成派生选择器。

图 5-41　使用派生选择器的显示效果

WEB DESIGN

```
@charset "utf-8";
.showText {
    color: #F00;
}
```

图 5-42　外部样式表代码

```
<head>
<meta http-equiv="Content-Type" content="text/html; charset=utf-8" />
<title>样式表优先级</title>
<link href="css/showText.css" rel="stylesheet" type="text/css" />
<style type="text/css">
<!--
.inside-showText {
    color: #0F0;
}
-->
</style>
</head>

<body style="color: #00F">
    <div class="showText">
        <p>第一段文字使用的是外部样式表</p>
        <p class="inside-showText">第二段文字使用的是内部样式表</p>
    </div>
        <p>第三段文字使用的是内联样式表</p>
</body>
```

图 5-43　HTML 文档中不同标签层次、不同样式表
的使用

图 5-44　样式表依照就近原则确定优先级的应用效果

5.2.3　CSS 优先级

CSS 被称为层叠样式表，顾名思义就是在 HTML 不同标签层次上被使用。当不同的样式表定义相同属性时，HTML 会优先使用哪一个属性？这就涉及了 CSS 样式优先级的问题。

1. 样式表优先级

在 HTML 文档中，CSS 样式表对关联它的 HTML 标签内部的元素内容有效，若某元素内容包含在多层使用 CSS 样式表的标签之内，元素内容会选择离它最近的样式表所设定的样式进行显示，即越接近内容的样式表优先级越高，这可以称为就近原则。例如 <body> 元素中包含 <div> 元素，而 <div> 元素中又包含 <p> 元素，并且这三个元素分别使用三种不同类型的样式表，那么 <p> 元素中的内容永远按照 <p> 元素所使用的样式表进行外观显示，而无论它是何种类型的样式表。图 5-42~ 图 5-44 分别为外部样式表代码、HTML 文档代码和该 HTML 文档在 IE 浏览器中的显示效果。

从上面的三幅图中可以看出，外部样式表 "showText" 设置文本颜色为红色，内部样式表 "inside-showText" 设置文本颜色为绿色，而内联样式表设置文本的颜色为蓝色。在使用时 <body> 标签使用内联样式表，<div> 标签使用外部样式表，第二段文字使用内部样式表。由于这些样式表之间具有层次关系，并非在同一个标签中，所以这三段文字会分别使用离它自身最近的样式表进行显示。

若同一个 HTML 标签关联多个样式表，且这些样式表在其外层的标签中并未关联过，那么样式表的优先级由其定义的逆顺序决定。例如：在一个 <p> 标签中同时关联了外部样式表、内部样式表和内联样式表，由于内联样式表使用 style 属性在标签中直接定义，因此它的优先级最高。而对于外部样式表和内部样式表优先级的确定就要看它们在 <head> 元素中被调用或定义的先后顺序了，哪一个后定义或调用，哪一个优先级越高。

如图 5-45 和图 5-46 所示，分别表示在同一个标签中使用不同选择器的代码和这些代码的显示效果。代码中使用的样式与就近原则确定优先级时使用的样式相同。

需要注意的是，如果将 <head> 元素中的 <link> 元素放到 <style> 元素之前，那么第二段文字就会以内部样式表进行显示，变为绿色。因为这时，外部样式表更靠近第二段文字，如图 5-47 所示。

因此，同样可以将同一个标签中使用不同样式表的情况应用就近原则进行判断。总的来说，

无论是否在同一个标签中使用 CSS 样式表，元素内容永远是使用离它最近的那个样式表的样式进行显示。

```
<style type="text/css">
<!--
.inside-showText {
    color: #0F0;
}
-->
</style>
<link href="css/showText.css" rel="stylesheet" type="text/css" />
</head>

<body>
    <p class="showText inside-showText" style="color:#00F">第一段文字的标签中使用了外部
样式表、内部样式表和内联样式表</p>
    <p class="showText inside-showText">第二段文字的标签中使用了外部样式表和内部样式表</p>

    <p class="showText">第三段文字的标签中使用了外部样式表</p>
</body>
```

图 5-45 同一个标签中使用不同类型样式表

图 5-46 同一个标签使用不同样式表时的显示效果 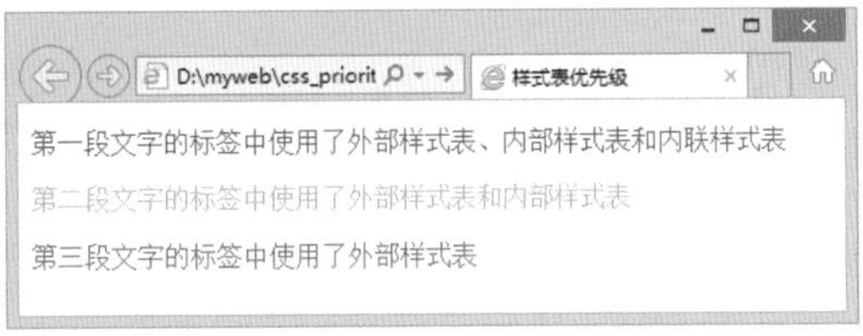　　图 5-47 改变样式定义或链接顺序后的显示效果

2. 选择器优先级

选择器优先级同样需要区分是在具有层次的标签中使用选择器还是在同一个标签中使用选择器。若在不同层次的标签中使用，同样遵守就近原则，即离元素内容越近的选择器优先级越高。若在同一个标签中使用了不同的选择器，则按照选择器优先级来确定使用哪一种选择器进行显示。选择器优先级由低到高依次为：标签选择器、派生选择器、类选择器、id 选择器。图 5-48 表示在同一个 HTML 标签中使用不同选择器的情况，其中类选择器规定文字的颜色为红色，id 选择器规定为绿色，标签选择器规定为蓝色，派生选择器规定为品色，最终显示效果如图 5-49 所示。

```
<style type="text/css">
<!--
.css-class{
    color:#F00;
}
#css-id{
    color:#0F0;
}
p{
    color:#00F;
}
div p{
    color:#F0F;
}
-->
</style>

<body>
    <div>
        <p class="css-class" id="css-id">第一段文字同时使用了类选择器、id选择器、标签选
择器和派生选择器，并且以id选择器的样式显示。</p>
        <p class="css-class">第二段文字同时使用了类选择器、标签选择器和派生选择器，并且
以类选择器的样式显示。</p>
        <p>第三段文字同时使用了标签选择器和派生选择器，并且以派生选择器的样式显示。</p>
    </div>
    <p>第四段文字只使用了标签选择器。</p>
</body>
```

图 5-48 同一标签中使用不同选择器的代码　　图 5-49 不同优先级的选择器作用下的显示效果

WEB DESIGN

```
<style type="text/css">
<!--
a:link {
    color: #00F;
    text-decoration: none;
}
a:visited {
    color: #F0F;
    text-decoration: none;
}
a:hover {
    color: #F00;
    text-decoration: none;
}
a:active {
    color: #0FF;
    text-decoration: none;
}
-->
</style>
```

图 5-50 在 HTML 文档中使用
超链接的伪类

5.2.4 超链接的伪类

伪类是一种特殊的类，能够自动被支持 CSS 的网页浏览器所识别，并将其效果应用到页面之中。超链接的伪类是最典型且使用最频繁的一种伪类。它一共由 4 个伪类组成，":link"、": hover"、": active"、": visited"分别表示链接未被访问的样式、鼠标经过链接时的样式、鼠标按下链接时的样式和已经访问过的链接的样式。

超链接的伪类在使用时需要连接在标签选择器 a 的后面使用，且二者之间不可有空格。同时可以在 a 和伪类之间插入 id 选择器或类选择器，这三者之间也不可有空格，表示只有在关联了 id 选择器或类选择器的 <a> 标签中，对应的伪类才可以起作用。伪类后面的大括号中填写 CSS 样式规则。伪类的使用代码如图 5-50 所示。

5.2.5 CSS 属性详解

CSS 属性是 CSS 样式中最重要且最复杂的部分，它是浏览器以何种外观显示的规则。CSS 样式通过属性及其属性值的形式，实现了各种各样的样式表现，使网页外观丰富多彩。CSS 常用属性包括文本属性、背景属性、框属性、边框属性、列表属性、浮动与清除属性等。

1. 文本属性

文本是一个网页中必不可少的重要内容。通过 CSS 样式可以设置 HTML 文档中文本的样式。CSS 样式的文本属性包括文本字体、文本字号、文本颜色、文本间距、对齐方式等。CSS 属性的属性名称和属性值之间需要使用英文冒号（:）连接，且多个属性在同一个选择器中定义时，属性之间要使用英文分号（;）进行间隔，当然一个 CSS 属性定义结束也可以添加英文分号（;）作为该属性定义的结束标志。

1）文本字体属性 font-family

font-family 属性用于设置文本的字体风格，比如宋体、楷体、黑体、幼圆等。其语法格式如下：

font-family：字体列表；

在 CSS 中，可以使用 font-family 属性为文本同时定义多种字体，这些字体的集合称为字体列表。字体列表中的字体使用英文逗号（,）进行间隔，如图 5-51 所示。网页浏览器在使用字体进行显示时，先从字体列表最左端的字体进行查找，如果未从本地计算机上找到该字体，将使用其右面的字体进行查找，直到找到本地计算机上存在的字体时，使用该字体进行显示。如果在字体列表中的字体都不能在本地计算机中找到，网页浏览器将使用本地计算机操作系统默认的字体进行显示。

2）文本大小属性 font-size

在 CSS 中使用 font-size 属性设置文本的大小，其语法格式为：

font-size：字体大小；

字体大小使用正整数来指定。但最好使用偶数，因为有些老版本的网页浏览器不支持使用奇数显示文本的大小。图 5-52 是使用 font-size 属性指定文本大小的代码。

```
.text-css {
    font-family:"华文细黑", "黑体", "宋体";
}
```

图 5-51　使用 font-family 设置字体

```
<p style="font-size:18px;">文本大小18px。</p>
<p style="font-size:24px;">文本大小24px。</p>
```

图 5-52　使用 font-size 属性指定文本大小

3）文本颜色属性 color

在 CSS 中使用 color 属性设置文本的颜色，其语法格式为：

color：文本颜色；

文本颜色可以使用颜色的英文名称表示，如 red、green、blue、gray 等；也可以使用英文 # 加上 3 位或 6 位十六进制数表示，如 #FFF、#F00、#00FFFF、#0000FF。其中 6 位十六进制数每 2 位分为一组，共 3 组，从左到右依次表示颜色中红、绿、蓝三种原色的份额大小，如 #000000 表示黑色、#FF0000 表示红色、#0000FF 表示蓝色、#FFFF00 表示黄色、#FFFFFF 表示白色等。当 3 组十六进制数中每一组的两个十六进制数数值均相同时，可以使用 3 位十六进制数的简写形式，如：#000000 可简写为 #000、#FF00FF 可简写为 #F0F、#AA3377 可简写为 #A37 等。具体使用如图 5-53 所示。

```
.css-color
{
    color:#F00;
}
#css-color2
{
    color:green;
}
p{
    color:#0000FF;
}
```

图 5-53　使用 color 属性指定文本颜色

4）字符间距 letter-spacing、行间距 line-height

在 CSS 中使用 letter-spacing 属性设置文本字符的间距，其语法格式为：

letter-spacing：字符间距大小；

使用 line-height 属性设置文本行间距的大小，其语法

```
div{
    letter-spacing:5px;
    line-height:5px;
}
```

图 5-54　指定字符间距和行间距

格式与 letter-spacing 相同。其中字符间距大小或行间距大小一般使用正整数表示。图 5-54 是使用 letter-spacing 和 line-height 属性指定字符间距和行距大小使用的代码。

5）文本对齐方式 text-align

在 CSS 中使用 text-align 属性设置文本对齐方式，其语法格式为：

text-align：文本对齐方式；

文本对齐方式共有 4 个值可以选择：left、right、center 和 justify，分别表示文本在水平方向上的左对齐、右对齐、居中对齐和两端对齐。文本在默认情况下使用左对齐显示。其对齐的目标为上一层 HTML 标签所限定的范围，若使用该样式的上一层标签未限定范围，则按照浏览器窗口对齐。图 5-55 为使用 text-align 属性指定文本对齐方式的代码。

```
<p style="text-align:left">文本左对齐</p>
<p style="text-align:right">文本右对齐</p>
<p style="text-align:center">文本居中对齐</p>
<p style="text-align:justify">文本两端对齐</p>
```
图 5-55　使用 text-align 属性指定文本对齐方式

6）文本修饰 text-decoration

在 CSS 中使用 text-decoration 属性设置文本修饰方式，其语法格式为：

text-decoration：文本修饰方式；

文本修饰方式包含 overline、underline、line-through、blink、none，分别表示文本修饰方式中的上划线、下划线、删除线、闪烁和无。其中 none 一般用于去除链接在默认情况下的下划线。具体应用代码如图 5-56 所示，显示效果如图 5-57 所示。

图 5-56　使用 text-decoration 属性进行文本修饰　　图 5-57　使用文本修饰属性的文字在 IE 浏览器中的显示效果

7）文本缩进 text-indent

在 CSS 中使用 text-indent 属性设置文本缩进大小，其语法格式为：

text-indent：文本缩进大小；

其中，文本缩进大小填写缩进的距离，使用整数表示，且指定单位。图 5-58 是使用 text-indent 属性设置文本缩进大小的代码及其在 IE 浏览器中的显示效果，如图 5-59 所示。

图 5-58　使用 text-indent 属性设置文本缩进大小　　图 5-59　使用 text-indent 属性设置文本缩进大小在 IE 浏览器中的显示效果

2. 背景属性

通过 CSS 的背景属性可以设置 HTML 中任何页面元素的背景。包括背景颜色、背景图片、背景图片重复方式、背景图片是否固定以及背景图片显示位置等。

1）背景颜色 background-color

在 CSS 中使用 background-color 属性设置页面元素的背景颜色，其语法格式为：

background-color：背景颜色

其中背景颜色的表示方式与文本颜色的表示方式相同，不再赘述。图 5-60 为使用 background-color 属性设置背景颜色的代码。

2）背景图像 background-image

在 CSS 中使用 background-image 属性设置页面元素的背景图像，其语法格式为：

background-image：url（图片地址）；

其中背景图像的设置需要把图片的地址放在 url（　）里面，这样才可以正确链接到图片。图片地址的写法与 HTML 中插入图片时的写法一致，不再赘述。

```
<style type="text/css">
p{
    background-color:#0CF;
}
</style>
```

图 5-60　使用 background-color 属性设置
背景颜色

3）重复背景图像 background-repeat

在 CSS 中使用 background-repeat 属性设置背景图像是否在其元素所限定范围内重复。该属性共有 4 个属性值，分别为：no-repeat、repeat、repeat-x、repeat-y，分别表示背景图像不重复、重复、在 X 方向重复和在 Y 方向重复。这在页面布局中经常会用到。图 5-61 为使用 background-image 和 background-repeat 属性设置背景图像并实现不同重复设置的代码，图 5-62 为其显示效果。使用的图片分别为 bg01.jpg、bg02.jpg、bg03.jpg 和 bg04.jpg。

```
<style type="text/css">
.norepeat
{
    background-image:url(pic/pic01.jpg);
    background-repeat:no-repeat;
}
.repeat
{
    background-image:url(pic/pic02.jpg);
    background-repeat:repeat;
}
.repeatx
{
    background-image:url(pic/pic03.jpg);
    background-repeat:repeat-x;
}
.repeaty
{
    background-image:url(pic/pic04.jpg);
    background-repeat:repeat-y;
}
</style>
```

图 5-61　设置背景图像及其重复

图 5-62　背景图像的重复

3. 框属性

在 CSS 中，框属性是指元素在页面中所占范围大小以及元素内容距该范围边界距离多少等一系列属性的集合。包括宽度 width、高度 height、内边距 padding、外边距 margin、边框 border 等属性。框模型如图 5-63 所示。

元素框的最内部分是实际的内容，直接包围内容的是内边距。内边距的边缘是边框。边框以外是外边距，外边距默认是透明的，因此不会遮挡其后的任何元素。元素的背景应用于由内容、内边距和边框组成的区域。

1）框的大小属性 width 与 height

在 CSS 中，使用 width 和 height 属性设置框的大小，其中 width 表示元素的宽度、height 表示元素的高度。可以使用正整数及其单位进行设置。其语法结构为：

width：框的宽度；

height：框的高度；

2）内边距属性 padding

在 CSS 中，使用 padding 属性设置框的内边距，其语法格式为：

图 5-63 框模型

padding：内边距属性值

padding 属性的属性值可以为 1 个、2 个、3 个或者 4 个，当共同具有多个属性值时，这些属性值之间使用空格间隔。当 padding 属性的值为 1 个时，表示上、右、下、左四个内边距的值相同，均为该属性值；当 padding 属性的值为 2 个时，第一个属性值设置上、下内边距，第二个属性值设置左、右内边距；当属性值为 3 个时，第一个属性值设置上内边距，第二个属性值设置左、右内边距，第三个值设置下内边距；当属性值为 4 个时，属性值按照上 - 右 - 下 - 左的顺时针方向与内边距相对应，即第一个值设置上内边距、第二个值设置右内边距、第三个值设置下内边距、第四个值设置左内边距。图 5-64 所示为设置 padding 属性的 CSS 代码，图 5-65 为使用 CSS 的 HTML 代码，图 5-66 为其显示效果。

```
<style type="text/css">
.padding01
{
    padding:50px;
    border:solid;
    width:150px;
    height:40px;
}
.padding02
{
    padding:50px 5px;
    border:solid;
    width:180px;
    height:60px;
}
.padding03
{
    padding:50px 5px 20px;
    border:solid;
    width:180px;
    height:60px;
}
.padding04
{
    padding:50px 5px 20px 30px;
    border:solid;
    width:180px;
    height:60px;
}
</style>
```

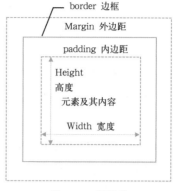

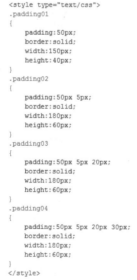

图 5-64 使用 padding 属性设置内边框

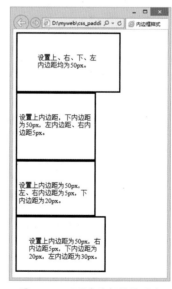

图 5-66 不同内边框设置下的显示效果

```
<body>
    <div class="padding01">设置上、右、下、左内边距均为50px。</div>
    <div class="padding02">设置上内边距，下内边距为50px，左内边距、右内边距5px。</div>
    <div class="padding03">设置上内边距为50px，左、右内边距为5px，下内边距为20px。</div>
    <div class="padding04">设置上内边距为50px，右内边距5px，下内边距为20px，左内边距为30px。</div>
</body>
```

图 5-65 在 HTML 中使用内边框样式

除此之外，还可以使用 padding-top、padding-right、padding-bottom、padding-left 四个属性分别设置上、右、下、左内边距的值。

3）外边距属性 margin

在 CSS 中，使用 margin 属性设置框的外边距，即框边界距其他元素之间的距离。其语法格式为：

margin：外边距属性值

margin 属性的属性值同样可以为 1 个、2 个、3 个或者 4 个，它们的含义和设置均与内边框相同，不再赘述。

另外，margin 具有一个特殊的属性值 auto，使用该属性值可以将被包含在内的内容水平居中。其语法格式为：

margin：0 auto；

此种应用方式为固定格式，0 表示上下外边距为 0，当然也可以是其他值，auto 表示元素根据其外部元素的边界进行水平居中。需要注意的是，使用 auto 属性值对元素内容进行居中，必须准确填写内容的总体宽度，auto 属性值将根据这个宽度来确定内容在外部元素边界内居中的位置。具体应用如图 5-67 所示，图 5-68 为其在 IE 浏览器中的显示效果。

图 5-67　使用 auto 属性值进行水平居中　　　图 5-68　使用 auto 属性值进行水平居中的显示效果

同样，也可以使用 margin-top、margin-right、margin-bottom、margin-left 属性分别设置上、右、下、左外边距。

4）边框属性 border

边框是框元素内外区域的边界，也是元素与元素之间的分割线，通过边框可以很直观地区分出每个元素的区域。在 CSS 中，使用 border 属性来设置边框，包括边框的样式、颜色与宽度。

（1）边框的样式属性 border-style

border-style 属性用于设置边框的样式。其语法格式为：

border-style：边框样式值

在 CSS 中，border-style 属性具有多个属性值，具体属性值及其描述见表 5-1。

border-style 属性值及其描述　　　　　　　　　　　　　表 5-1

值	描述
none	定义无边框。
hidden	与"none"相同。不过应用于表格时除外，对于表格，hidden 用于解决边框冲突。
dotted	定义点状线。但在有些浏览器中呈现为实线。
dashed	定义虚线。但在有些浏览器中呈现为实线。
solid	定义实线。
double	定义双实线。双实线的宽度等于 border-width 的值。
groove	定义 3D 凹槽边框。其效果取决于 border-color 的值。
ridge	定义 3D 垄状边框。其效果取决于 border-color 的值。
inset	定义 3D inset 边框。其效果取决于 border-color 的值。
outset	定义 3D outset 边框。其效果取决于 border-color 的值。
inherit	规定应该从父元素继承边框样式。

　　border-style 属性在赋值时可以指定 1 个、2 个、3 个或者 4 个值，当属性值为 1 个时，四周的边框使用同样的样式显示；当为 2 个值时，第一个值表示上、下边框的样式，第二个值表示左、右边框的样式；当为 3 个值时，第一个值表示上边框的样式，第二个值表示左、右边框的样式，第三个值表示下边框的样式；当为 4 个值时，按照上 – 右 – 下 – 左的顺序确定边框的样式。图 5-69 为使用边框样式的代码，图 5-70 为其在 IE 浏览器中的效果。

图 5-69　使用 border-style 属性设置边框样式

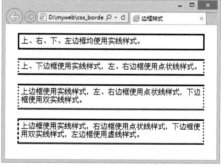

图 5-70　边框样式在 IE 浏览器中的显示效果

　　同样，在 CSS 中，还可以使用 border-top-style、border-right-style、border-bottom-style、border-left-style 分别设置上、右、下、左边框的样式。其使用方法和赋值方式均与 border-style 属性一致。

　　（2）边框的颜色属性 border-color

　　在 CSS 中，通过 border-color 属性设置边框的颜色，其语法结构为：

border-color : 颜色值

　　其中，颜色值的表示方式和 color 属性颜色值的表示方式一致。另外，border-color 属性值同样可以指定 1 个、2 个、3 个或者 4 个，其用法与边框样式的用法相同，在这里不再赘述。使用方法如图 5–71 所示，图 5–72 为其显示效果。

```
<style type="text/css">
.bordercolor
{
    padding:5px;
    border-style:solid;
    border-color:#F00 #00F #0F0 #000;
}

</style>
</head>

<body>
    <div class="bordercolor">指定上边框颜色为红色、右边框为蓝色、下边
框为绿色、左边框为黑色。</div>
</body>
```

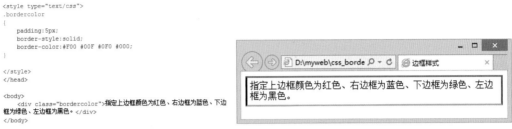

图 5–71　使用 border–color 设置边框颜色

图 5–72　边框颜色在 IE 浏览器中的显示效果

同样，在 CSS 中，还可以使用 border–top–color、border–right–color、border–bottom–color、border–left–color 分别设置上、右、下、左边框的颜色。其使用方法和赋值方式均与 border–color 属性一致。

需要注意的是，只有边框存在的情况下才能显示边框的颜色。

（3）边框的宽度属性 border–width

在 CSS 中，使用 border–width 属性设置边框的宽度，其语法格式为：

border–width：边框宽度；

其中边框宽度可以指定为 thick（粗的）、medium（中等的）、thin（细的）或者数值。Border–width 属性同样可以设定 1 个、2 个、3 个或者 4 个值，其用法与边框样式的用法相同。

同样，在 CSS 中，还可以使用 border–top–width、border–right–width、border–bottom–width、border–left–width 分别设置上、右、下、左边框的宽度。其使用方法和赋值方式均与 border–width 属性一致。

（4）边框的单独设置

在 CSS 中，还可以对某个方向上的边框进行单独设置。这需要使用 border–top、border–right、border–bottom、border–left 四个属性，它们分别设置上边框、右边框、下边框和左边框。

以 border–top 属性为例说明其使用方法，其他属性与其一致。如果只在样式中设置 border–top 的属性，在网页浏览器中只会显示元素的上边框。其属性值为前面提到的各种设置边框的属性值的综合使用，多个属性值之间使用英文空格间隔。其语法结构如下：

border–top：属性值 1 属性值 2 属性值 3；

图 5–73 为使用 border–top 设置上边框的代码，图 5–74 是其在 IE 浏览器中的显示效果。

```
<style type="text/css">
.border
{
    border-top:5px #00F double;
    width:340px;
    height:40px;
    padding:5px;
}

</style>
</head>

<body>
    <div class="border">指定上边框的显示样式，宽度5px蓝色双实线。</div>
</body>
```

图 5–73　使用 border–top 设置上边框

图 5–74　上边框样式的显示效果

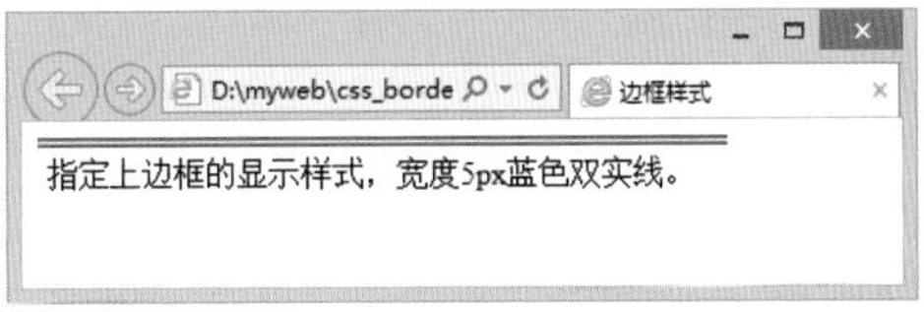

4. 列表属性

列表属性用于定义列表元素的显示效果。在 CSS 中，通过列表属性可以控制列表的符号、列表图像符号和列表位置等。

1）列表标记图像属性 list-style-image

在 HTML 中，无序列表项的前面默认使用黑色的圆点进行标记，这是远远不能满足应用要求的。使用 CSS 中的 list-style-image 属性，可以将列表项前面的标记定义为用户指定的图像。当然，使用该属性只是插入用户设计好的图像，原来的黑色圆点并不被清除，因此还需要使用 list-style-type 属性进行清除。整体应用的语法格式如下：

ul{list-style-type：none；}
li{list-style-image：url（"图片所在位置地址"）；}

其中 list-style-type：none 为固定写法，表示清除 HTML 中默认的表单项标记。list-style-image 属性用于设置用户自定义的图像作为表单项的标记，url（）中图片所在位置地址的指定方式在前面的内容中已经涉及，在此不再赘述。

图 5-75 为使用 list-style-image 属性设置标记图像的方法代码，图 5-76 为其显示效果。

```
<style type="text/css">
<!--
ul {
    list-style-type:none;
}
li{
    list-style-image: url(pic/heart.jpg);
}
-->
</style>
</head>

<body>
    <ul>
        <li>HTML</li>
        <li>CSS</li>
        <li>JavaScript</li>
    </ul>
</body>
```

图 5-75　使用 list-style-image 属性设置
标记图像

图 5-76　使用 list-style-image 属
性的显示效果

2）列表标记样式属性 list-style-type

在 CSS 中，通过使用 list-style-type 属性，设置列表项前面标记的样式。其语法格式为：

list-style-type：列表标记样式

表 5-2 列出了较常用的列表标记样式的属性值及其对应描述。

list-style-type 属性值及其描述　　　　　　　　　　表 5-2

属性值	描述
none	无标记。
disc	默认。标记是实心圆。
circle	标记是空心圆。

续表

属性值	描述
square	标记是实心方块。
decimal	标记是数字。
decimal-leading-zero	0 开头的数字标记（01，02，03等）。
lower-roman	小写罗马数字（i，ii，iii，iv，v等）。
upper-roman	大写罗马数字（I，II，III，IV，V等）。
lower-alpha	小写英文字母 The marker is lower-alpha（a，b，c，d，e等）。
upper-alpha	大写英文字母 The marker is upper-alpha（A，B，C，D，E等）。

list-style-type 属性在使用无序列表或有序列表时都可以设置里面的属性值，在使用时应对 <ul> 元素进行应用，如图 5-77 所示，图 5-78 为其显示效果。

3）列表项标记位置属性 list-style-position

在 CSS 中使用 list-style-position 属性设置列表项中标记符号或标记图像的位置，语法结构如下：

list-style-position：位置；

list-style-position 属性应放在 <ul> 标签中使用。它具有两个属性值，分别为 inside 和 outside。其中 inside 表示列表项标记的位置在文本内容内部，就好像它们是插入在列表项内容最前面的行内元素一样，环绕文本会按照标记左侧位置进行对齐；outside 表示列表项标记的位置在文本内容外部，且距离列表项边框边界有一定的距离，环绕文本不会按照标记对齐，而按照上一行文本左侧对齐，默认值为 outside。图 5-79 为使用 list-style-position 属性的代码，图 5-80 为其在 IE 浏览器中的显示效果，其中左边表格中使用的属性值为 inside，右边的表格中使用的属性值为 outside，注意环绕文字的对齐方式。

5. 浮动属性与清除属性

在 CSS 中，float 属性定义元素在哪个方向上浮动，以往常常用于图像，使文本围绕在其周围。但在 CSS 中，任何元素都可以浮动。浮动元素会生成一个框，而不论它本身原来是何种元素，float 属性的语法结构为：

float：浮动方向

图 5-77 使用 list-style-type 属性设置列表项标记

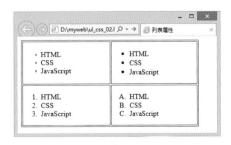

图 5-78 不同列表项标记的显示效果

```
<style type="text/css">
<!--
.ul1 {
    list-style-position:inside
}
.ul2 {
    list-style-position:outside
}
-->
</style>
</head>

<body>
    <table width="400" border="1" cellspacing="2" cellpadding="0">
        <tr>
            <td style="width:50%">
                <ul class="ul1">
                    <li>HTML指的是超文本标记语言</li>
                    <li>CSS指层叠样式表</li>
                    <li>JavaScript是世界上最流行的脚本语言</li>
                </ul>
            </td>
            <td>
                <ul class="ul2">
                    <li>HTML指的是超文本标记语言</li>
                    <li>CSS指层叠样式表</li>
                    <li>JavaScript是世界上最流行的脚本语言</li>
                </ul>
            </td>
        </tr>
    </table>
</body>
```

图 5-79   使用 list-style-position 属性 　　　图 5-80   使用不同 list-style-position 属性值的
                                                         显示效果

float 的浮动方向，即 float 属性的值包含 left、right、inherit 和 none 四项。left 表示向左浮动；right 表示向右浮动；inherit 表示继承上一层元素 float 属性的值；none 表示不浮动，这也是 float 属性的默认值。

在使用上，只要某个元素使用了 CSS 样式中非 none 值的 float 属性，那么该元素就会变为一个浮动框，就可以定义其向左还是向右浮动。如图 5-81 所示，图像向左进行浮动，图 5-82 为其显示效果。

```
<style type="text/css">
<!--
img {
    float: left;
    margin:10px;
}
-->
</style>
</head>

<body>
<div style="width:600px; height:400px; margin:0 auto">
<img src="pic/xh2.jpg" width="200" height="150" />
<p style="text-indent:32px; size:16px; line-height:25px;">
西湖旧称武林水、钱塘湖、西子湖，宋代始称西湖。西湖位于杭州城西，三面环山，东面濒临市区，是一个湖泊型的国家级风景名胜区。1982年西湖被确定为国家风景名胜区，1985年被评为"中国十大风景名胜"之一。湖中有三岛；三潭印月，湖心亭，阮公墩。绕湖一周约15公里。"一湖两塔三岛三堤"是西湖全景的"名片"；城区与湖水的门厅是以绿地公园、遗址像为主的滨湖景区；吴山景区以吴山为中心，城隍阁为标志；一衣带水的南山路串联了南线景区的24个自然与人文景点；形似飞凤的凤凰山和南宋皇城遗址形成了凤凰山景区；玉皇飞云和八卦田是玉皇山景区的亮点；自然野逸的杨公提景区回归生态；钱塘江沿岸有"六和如将军"和钱塘江大桥长虹卧波；北线景区以北山街为主干道，组成了"没有围墙的博物馆"；西湖西南以泉水出名，满陇 桂雨成为西湖秋游的首选；杭州城区的胡雪岩故居和杭州碑林在现代繁华之地另辟天地，镌刻历史。</p>
</div>
</body>
```

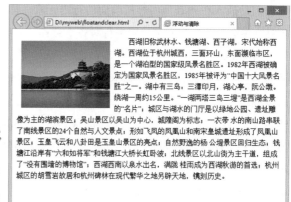

图 5-81   使用 float 属性使元素浮动 　　　　图 5-82   使用 float 属性向左浮动的显示效果

从上图中的显示效果中可以看出，浮动的图片位于左方，文字对其进行环绕显示，这是经常使用的一种浮动的效果。

如果在一个 HTML 文档中，有多个设置为浮动的元素，那么这些元素会在同一行上相互靠近且依次排列。如果在一行之中没有足够的空间容纳所有浮动元素，那么多出来的浮动元素会跳至下一行进行浮动，直到某一行能够容纳下剩余的浮动元素为止。

根据网页排版的需要，有可能在某些时候，并不希望某个浮动元素的左边或者右边有其他的浮动元素存在，那么就需要使用清除属性 clear 进行控制。clear 属性常用的值有 left、right、both、none。分别表示左侧清除、右侧清除、两侧清除和不清除。清除的一侧表示在同一行的该方向上不能出现其他浮动元素，行的高度与该元素的高度相同。

图 5-83 中，通过标签选择器为 <div> 标签定义其向左浮动，所以在图 5-84 中可以看到三张图片均排列在一行，且紧靠浏览器左侧依次排列，如果为第三张图片使用向左清除，那么第三张图片左侧将不能出现浮动元素，它将转到下一行显示。如图 5-85 和图 5-86 所示。

```
<style type="text/css">
<!--
div {
    float:left;
    border:#000 thin solid;
    margin:2px;
    width:150px;
    height:150px;
}
-->
</style>
</head>

<body>
    <div><img src="pic/cm.jpg" width="150" height="150" /></div>
    <div><img src="pic/nm.jpg" width="150" height="150" /></div>
    <div><img src="pic/pg.jpg" width="150" height="150" /></div>
</body>
```

图 5-83　使用 float 属性使 <div> 元素向左浮动　　　　　图 5-84　三张图同时向左浮动的显示效果

```
<body>
    <div><img src="pic/cm.jpg" width="150" height="150" /></div>
    <div><img src="pic/nm.jpg" width="150" height="150" /></div>
    <div style="clear:left;"><img src="pic/pg.jpg" width="150" height="150" /></div>
</body>
```

图 5-85　第三张图片使用 clear 属性进行左侧清除

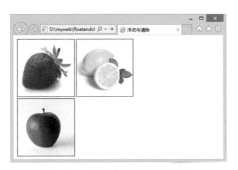

图 5-86　左侧清除后的显示效果

5.2.6　单项练习

1. 制作一个纯文本网页

使用 DreamweaverCS4 编辑制作一个纯文本网页，用于简单介绍 CSS 层叠样式表，该网页如图 5-87 所示。

根据网页成品可以看到，网页最上边是一个一级标题，下面每一个水平分割线下为一个二级标题和正文内容，因此在制作该网页时，应该对一级标题使用 <h1> 元素，二级标题使用 <h2> 元素，水平分割线使用
 标签。对于正文内容部分，有的是段落文本形式，有的是列表形式，可以分别通过 <p> 元素和 <ul> 元素进行控制。在这个网页的显示样式上可以使用 CSS 样式表进行设置。具体制作步骤如下：

1）打开 DreamweaverCS4 并新建一个空 HTML 文档。

2）使用 CSS 编辑器编辑 CSS 样式，为网页进行定位，网页内容部分宽度 600px，且在浏览器中居中显示。

打开 DreamweaverCS4 中的"CSS 样式"面板，如图 5-88 所示。并单击下方新建 CSS 样式按钮 ，打开如图 5-89 所示的新建 CSS 规则对话框。

图 5-87　制作的纯文本网页成品

图 5-88　CSS 样式面板

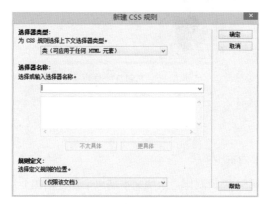

图 5-89　新建 CSS 规则对话框

在"新建 CSS 规则"对话框中,"选择器类型"项可以为 CSS 规则选择器类型,其中包括"类选择器"、"id 选择器"、"标签选择器"和"复合内容选择器",在"复合内容选择器"中包含派生选择器和伪类,如图 5-90 所示。

"选择器名称"项用来设定选择器的名称。类选择器和 id 选择器可以直接输入选择器的名称,而无需输入英文句号(.)或井号(#);标签选择器则需要选择或者输入标签的名称;派生选择器会自动根据光标所在网页中的位置自动生成一个名称,也可以单独输入;伪类则需要选择伪类的名称。

规则定义项用来选择 CSS 样式规则定位的位置,具有"仅限该文档"和"新建样式表文件"两个选择,第一个选项表示创建内部样式表,第二个选择表示创建外部样式表,如图 5-91 所示。如果选择"新建样式表文件"则会在单击"确定"按钮后弹出对话框要求对样式文件进行保存。

图 5-90 DreamweaverCS4 中的 CSS 选择器类型　　　图 5-91 选择 CSS 样式规则定义位置

在本例中,使用类选择器对网页的整体内容进行定位。所以需要在"选择器类型"项中选择"类",然后在"选择器名称"项中输入名称"outerscope",在"规则定义"项中选择"仅限该文档",点击"确认"按钮,将会弹出"CSS 规则定义对话框",如图 5-92 所示。

在"CSS 规则定义对话框"中,将 CSS 样式分为"类型"、"背景"、"区块"、"方框"、"边框"、"列表"、"定位"、"扩展"8 类。其中"类型"类用于设置文本属性,"背景"类用于设置背景属性,"方框"类用于设置框属性,"边框"类用于设置边框属性,"列表"类用于设置列表属性,"定位"类用于设置定位属性。

在本例中需要为网页内容进行宽度和水平位置居中的设定,而在前面的内容中介绍过可以通过 width 属性设置宽度,通过 margin 属性使元素居中。而这两个属性都在"方框"类中。

因此选中"方框"类型,在"CSS 规则定义对话框"右侧设置 width 为 600,单位为 px;设置 margin top 和 bottom 为 0,right 和 left 为 auto,如图 5-93 所示。

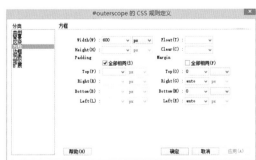

图 5-92 CSS 规则定义对话框　　　图 5-93 设置框属性

点击“CSS 规则定义对话框”中的“确定”按钮后，可以在 <head> 与 </head> 标签之间看到新创建的 <style> 元素及 outerscope 样式，如图 5–94 所示。

3）在代码视图中的 <body> 与 </body> 标签之间添加一个 <div> 元素，并使用该元素的 class 属性绑定 outerscope 样式，用于对整个页面进行定位，如图 5–95 所示。

4）在 <div> 与 </div> 标签之间，输入如下内容：

<h1>CSS 简介 </h1>

<hr />

用于添加一个内容为“CSS 简介”的一级标题和一个水平分割线。对于一级标题的默认显示方式，文本显得太大，需要通过 CSS 样式控制一级标题显示文本的大小和字体。因此，打开“CSS 样式”面板并点击“新建”按钮，在打开的“新建 CSS 规则”对话框中设置“选择器类型”为“标签”,并在下面的“选择器名称”项中输入或选择标签名为“h1”,如图 5–96 所示。

```
<style type="text/css">
<!--
#outerscope {
    width: 600px;
    margin:0 auto;
}
-->
</style>
```

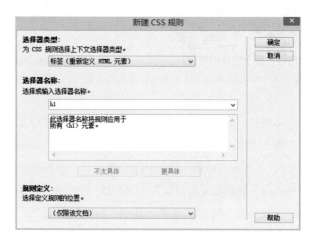

图 5–94　新建的 CSS 样式

```
<body>
    <div id="outerscope">
    </div>
</body>
```

图 5–95　在 <div> 标签中使用 outerscope 样式

图 5–96　为 h1 标签设定样式

点击“确定”按钮，在打开的“CSS 规则定义”对话框中的“类型”项目中，设置 font-size 为 20，单位 px，设置 font-family 为“黑体，宋体”，如图 5–97 所示。

需要注意的是，在 font-family 项里输入的多个字体之间需要使用英文逗号（，）间隔。除直接输入之外，还可以点击后面的下拉箭头，在字体列表中进行选择，如图 5–98 所示。

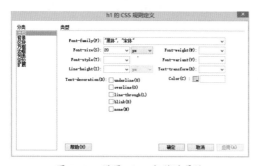

图 5–97　设置 <h1> 标签的属性

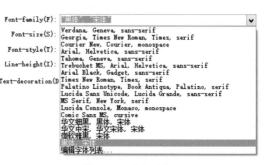

图 5–98　字体列表

有可能在字体列表中并不能发现中文字体，就需要进行自定义，点击字体列表中最下面的"编辑字体列表"项，就会打开"编辑字体列表"对话框。在该对话框中的"可用字体"栏里选择要使用的字体，点击 << 按钮，将该字体添加到字体列表中，在此可以多选择几个字体进行添加。添加后，字体会依次出现在"选择的字体"栏内。当在"选择的字体"栏内选择字体并点击 >> 按钮后，将取消该字体的应用，如图 5-99 所示。

选择好字体后点击"确定"按钮，选择的字体列表就会出现在下拉字体列表项中，供选择使用。

在"CSS 规则定义"对话框中点击"确定"按钮后，就可以在 <style> 元素中看到新添加的 h1 样式，如图 5-100 所示。这时 <h1> 标签已经应用了刚刚定义的 CSS 样式进行显示。

图 5-99　编辑字体列表

```
<style type="text/css">
<!--
#outerscope {
    width: 600px;
    margin:0 auto;
}
h1{
    font-family:"黑体", "宋体";
    font-size:20px;
}
-->
</style>
```

图 5-100　新添加的 h1 标签样式

5）在 <div> 与 </div> 标签之间，<hr /> 标签的下面继续输入如下内容：

<h2>CSS 概述 </h2>

<ul>

　　<li>CSS 指层叠样式表（Cascading Style Sheets）</li>

　　<li> 样式定义如何显示 HTML 元素 </li>

　　<li> 样式通常存储在样式表中 </li>

　　<li> 把样式添加到 HTML 中，是为了解决内容与表现分离的问题 </li>

　　<li> 外部样式表可以极大提高工作效率 </li>

　　<li> 外部样式表通常存储在 CSS 文件中 </li>

　　<li> 多个样式定义可层叠为一 </li>

　</ul>

<hr />

其中 <h2> 元素用来表示"CSS 概述"文字为二级标题，<ul> 元素为无序列表，<li> 元素为列表项，<hr /> 为水平分割线。通过这段代码为网页添加了一个二级标题和一个无序列表。

　　对于二级标题的默认显示样式，字体与字号也不符合要求，需要对二者进行修改。再次新建一个 CSS 样式，使用 h2 标签选择器，并将其 font-family 属性设置为 "黑体，宋体"，将 font-size 设置为 16px，具体过程与 h1 设置时相同，不再赘述。

　　对于无序列表，列表项的字号与字符间距需要进行调整，因此需要新建一个 CSS 样式，并使用 li 标签选择器，设定 font-size 为 14px，line-height 为 26px，如图 5-101 所示。

　　设置完 <h2> 和 <li> 的样式后，在 <style> 元素中会出现如图 5-102 所示的样式。

图 5-101　设置 <li> 标签

```
h2{
    font-family:"黑体"，"宋体";
    font-size:16px;
}
li{
    font-size:14px;
    line-height:26px;
}
```

图 5-102　<style> 元素中的新样式

　　6）改变着重文字的颜色。在最终完成的效果图中可以看到，在上一步添加的无序列表项中，有一些文字被用红色着重表示出来，这需要对一段文字中的一个或几个文字进行样式的改变。这时可以使用 <span> 标签将要着重显示的文字包含，并应用不同样式。这一步操作，通过属性面板来完成。

　　在网页编辑窗口的 "设计" 视图中用鼠标选中要改变颜色的文本，在属性面板的 CSS 选项中，选择 "目标规则" 项为 "新 CSS 规则"，点击下面的 "编辑规则" 按钮，将打开 "新建 CSS 规则" 对话框，使用 "类" 选择器并将名称设置为 "keynote"，点击 "确定" 后设置文本颜色属性 color 为红色（#F00），点击 "确定" 按钮后选中的文本就应用了该样式，并且在属性对话框的 "目标规则" 中使用了刚刚建立的 Keynote 样式，如图 5-103 所示。

　　选中其他需要着重表示的文本，直接将 "目标规则" 项选中 ".keynote" 即可应用 Keynote 样式。应用后，就可以在代码视图中，看到刚才选中的文本被包含在了 <span> 元素之中，而这个 <span> 元素关联了 Keynote 样式，如图 5-104 所示。

图 5-103　在属性面板中应用样式规则

`<li>样式定义<span class="keynote">如何显示</span> HTML 元素</li>`

图 5-104　使用 <span> 标签关联样式

7）继续在 <hr /> 标签后添加如下代码：

<h2>CSS 样式表极大地提高了工作效率 </h2>

<p> 样式通常保存在外部的 .css 文件中。通过仅仅编辑一个简单的 CSS 文档，外部样式表使你有能力同时改变站点中所有页面的布局和外观。</p>

<p> 由于允许同时控制多重页面的样式和布局，CSS 可以称得上网页设计领域的一个里程碑。作为网站开发者，你能够为每个 HTML 元素定义样式，并将之应用于你希望的任意多的页面中。如需进行全局的更新，只需简单地改变样式，然后网站中的所有元素的外观均会自动地更新。</p>

<hr />

即在网页上第二个水平分割线的下面添加一个二级标题，两段文字和一个水平分割线。二级标题的样式在前面已经进行了定义，由于使用的是标签选择器，所以该二级标题一旦添加就已经与 h2 标签选择器样式进行了关联。对于两个段落的文字，同样需要改变其大小和行间距，因此同样需要创建一个新的 CSS 样式，该样式使用标签选择器 p，并设置 font-size 为 14px，line-height 为 26px。

8）继续在 <div> 元素中添加如下代码：

<h2>CSS 层叠次序 </h2>

<p> 一般而言，所有的样式会根据下面的规则层叠于一个新的虚拟样式表中，其中数字 4 表示的样式离元素内容最近，它具有最高的优先权。</p>

<ul style="list-style-type : decimal ; ">

　　<li> 浏览器缺省设置 </li>

　　<li> 外部样式表 </li>

　　<li> 内部样式表 </li>

　　<li> 内联样式 </li>

</ul>

一个二级标题、一段文字和一个无序列表，其样式在前面的制作过程中均已创建，唯一需要更改样式的地方是列表项的标记，这里使用数字序号对列表项进行标记，需要使用 list-style-type 属性进行定义，这就是这一步加入的列表标签 <ul> 中设置的内联样式，即 style="list-style-type : decimal，这句代码表示使用数字对列表项进行标记。在网页中显示时，就像使用有序列表一样。

至此，纯文本网页制作完成。

2. 制作导航条

使用 DreamweaverCS4 制作一个导航条，用于网站的导航，该导航条如图 5-105 所示。

图 5-105　导航条最终效果

根据导航条的成品可以看出，该导航条是由 9 个链接组成的，每一个链接在网页中显示时呈现灰底白字，当鼠标滑过链接时，背景颜色变为暗红色。

该导航条使用无序列表进行制作，每一个链接为一个列表项，这些列表项使用 CSS 样式中的 float 属性向左浮动，这样在浏览器边界足够宽时就可以在一行排列。当然把导航条的代码放到一个同宽的 <div> 元素中，就可以防止因浏览器宽度不足而造成的导航条换行的问题。

下面是具体的制作过程：

1）添加列表

在 <body> 与 </body> 之间添加无序列表代码：

```
<ul>
    <li> 首    页 </li>
    <li> 学院概况 </li>
    <li> 机构设置 </li>
    <li> 教育教学 </li>
    <li> 招生就业 </li>
    <li> 国际交流 </li>
    <li> 学科研究 </li>
    <li> 师资队伍 </li>
    <li> 校园文化 </li>
</ul>
```

这样会形成如图 5-106 所示的无序列表。

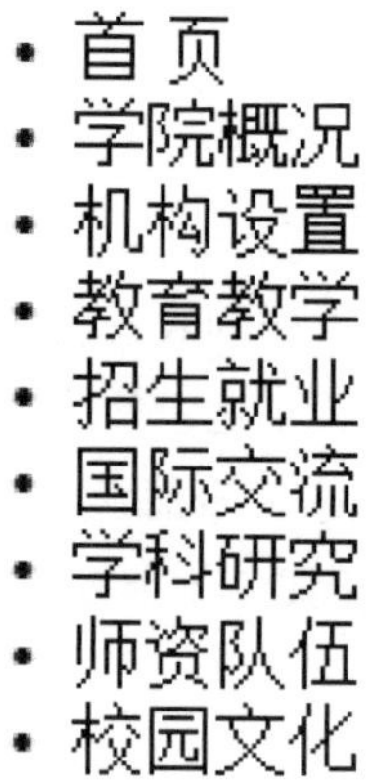

- 首 页
- 学院概况
- 机构设置
- 教育教学
- 招生就业
- 国际交流
- 学科研究
- 师资队伍
- 校园文化

图 5-106   添加无序列表后的效果

2）为无序列表添加链接

在设计视图中选中各列表项的文字，在属性面板的 HTML 选项夹中，使用链接项设置链接地址。这里只是制作导航条，并没有链接到的实际页面，这里只填写英文井号（#），创建一个链接，如图 5-107 所示。

图 5-107 使用属性面板创建链接

设置链接完成后，<ul> 元素的代码变为如图 5-108 所示的状态，如果有链接到具体页面的话，英文井号（#）的位置应该为具体页面的地址。图 5-109 为其在设计视图中的显示效果。

```
<ul>
    <li><a href="#">首 页</a></li>
    <li><a href="#">学院概况</a></li>
    <li><a href="#">机构设置</a></li>
    <li><a href="#">教育教学</a></li>
    <li><a href="#">招生就业</a></li>
    <li><a href="#">国际交流</a></li>
    <li><a href="#">学科研究</a></li>
    <li><a href="#">师资队伍</a></li>
    <li><a href="#">校园文化</a></li>
</ul>
```

- 首 页
- 学院概况
- 机构设置
- 教育教学
- 招生就业
- 国际交流
- 学科研究
- 师资队伍
- 校园文化

图 5-108 各列表项添加链接后的代码　　　图 5-109 为列表项添加链接后的效果

3）设置 <ul> 标签样式

作为水平导航条，应该把列表中的黑色圆点去掉，另外将其内外边距设置为 0px。打开"CSS 样式"面板，新建一个 CSS 样式，在"新建 CSS 规则"面板中使用标签选择器，并将名称设置为 ul，将"规则定义"项设置为"新建样式表文件"，点击"确定"按钮。

随后会弹出"将样式表另存为"对话框，选择样式表保存的位置，一般情况下会将样式表文件保存在网页同级目录的 CSS 文件夹中，输入样式表名称"navigation_css"并进行保存，如图 5-110 所示。

图 5-110 保存样式表文件

WEB DESIGN

保存后，将弹出"CSS 规则定义"对话框，在"列表"分类中更改 list-style-type 属性值为"none"，在"方框"分类中更改 padding 和 margin 属性为"0"，如图 5-111 和图 5-112 所示。

图 5-111　更改 list-style-type 属性

图 5-112　更改 padding、margin 属性

4）设置 <li> 标签样式

<li> 样式标签中的内容为水平导航条的每一个链接元素，因此需要将这些列表项水平排列，需要设置其 float 属性。

在"CSS 样式"面板中点击"新建样式表"按钮，在"新建 CSS 规则"对话框中使用 li 标签选择器，在"规则定义"项中选择前面定义的外部样式表文件"navigation_css.css"，这样新建的样式同样会保存到该外部样式表文件中，如图 5-113 所示。

图 5-113　将新建的样式保存到外部样式表

点击"确定"按钮后，在弹出的"CSS"规则定义对话框中设置"方框"分类中的 float 属性为"left"，点击"确定"按钮。设置好后，列表的外观如图 5-114 所示。

首页学院概况机构设置教育教学招生就业国际交流学科研究师资队伍校园文化
图 5-114　设置 <ul> 和 <li> 标签样式后的无序列表

5）设置链接样式

默认的链接样式，并不能满足需要。在最终结果的图片中可以看到，文字显示状态为灰底白字，并且没有下划线；当鼠标经过时，背景颜色变为暗红色。这都需要使用链接样式去重新定义。

重新定义链接样式，使用到 CSS 中的伪类。

新建 CSS 样式，在打开的"新建 CSS 规则"对话框中使用"复合内容"选择器，在"选择器名称"下拉列表中选择"a：link"，用于设置链接在正常显示时的状态。将"规则定义"选择为"navigation_css.css"，如图 5-115 所示。

图 5-115 定义 a：link 伪类

点击"确定"按钮后，在"CSS 规则定义"对话框的"类型"分类中设置 font-family 属性为"黑体，宋体"，设置 font-size 属性为 14px，设置 font-weight 属性为"blod"，设置 color 属性为"#FFF"，设置 text-decoration 属性为"none"。这些属性分别表示将文本字体设置为"黑体，宋体"，文本大小为"14px"，文本的粗细为"blod"（粗字符），文本的颜色为"#FFF"（白色），文本修饰为"none"（无）。

在"背景"分类中，设置 back-ground-color 属性为"#CCC"，即将背景颜色设置为灰色。

在"区块"分类中，设置 text-align 属性为"center"，display 属性为"block"。这两个属性的含义是，将文本居中并且按照"block"（块）显示，这样这个块将变为链接，而并非只是文本。

在"方框"分类中，设置"width"属性的值为 80px，设置 padding 属性的值为"5px"。这两个属性表示将链接部分"block"（块）的宽度定义为 80px，并且文字显示时距"block"（块）边界的距离为 5px。

设置完成以后点击"确定"按钮，导航条显示样式如图 5-116 所示。

图 5-116 设置 a：link 伪类后无序列表的显示外观

当鼠标经过时，背景颜色变为暗红色，这需要设置"a：hover"伪类。

新建 CSS 样式，在打开的"新建 CSS 规则"对话框中使用"复合内容"选择器，在"选择器名称"下拉列表中选择"a：hover"伪类，用于设置链接在鼠标经过时的显示状态。将"规则定义"选择为"navigation_css.css"。点击"确定"按钮后，设置"背景"分类中的 back-ground-color 属性为"#900"。

对于导航条，希望在鼠标点击后，被链接过的样式和链接正常显示时一致，而鼠标点击时的样式和鼠标经过时的样式一致，这样需要定义 a：visited 伪类的样式与 a：link 伪类的样式一致，a：active 伪类的样式与 a：hover 伪类的样式一致。有两种方案可以解决这个问题，一个是使用"CSS 样式面板"重新定义新的 CSS 样式，在"CSS 规则定义"对话框中分别对伪类样式进行定义。另一个是打开外部 CSS 样式表文件，在 a：link 伪类样式名称后面添加 a：visited，二者之间使用英文逗号（,）间隔，表示 a：visited 与 a：link 使用同样的样式；在 a：hover 伪类样式名称后面添加 a：active，二者之间使用英文逗号（,）间隔，表示 a：active 与 a：hover 使用同样的样式，如图 5-117 所示。

需要注意的是，四个伪类在使用上有先后顺序，a：hover 必须在 a：link 和 a：visited 之后使用，而 a：active 需要在 a：hover 之后使用。另外，如果伪类使用在某一个类选择器或 id 选择器之中，那么在使用时需要将类名或 id 名写在伪类的前面并使用空格间隔。例如：.classname a：link 或 #idname a：link。如果像上图中出现的链接与访问过的链接使用相同样式且合并书写的话，

要将类名或 *id* 名重复书写在两个伪类之前，例如：#idname a : link，#idname a : visited，千万不能省略第二个伪类前面的类名或 *id* 名，写成 #idname a : link，a : visited 就错了。

6）定位导航条

对于一个网页的制作过程，应该是先对网页进行设计，然后根据设计进行制作。设计时网页的宽度以及网页中各元素的尺寸都已经确定，因此设计导航条时就要根据设计的尺寸安排元素的大小和位置。

在本例中，只是讲解如何使用一个无序列表制作导航条，在制作前并没有考虑网页定位的问题。如果网页浏览器的宽度小于导航条的总宽度时，导航条将会换行显示，这不是想要的结果。下面来看如何解决此问题。

如果整体网页已经进行了设计并规定了整体页面的宽度，导航条应该至少嵌套在一个表格或者 <div> 元素之中。由于 <div> 与 CSS 共同使用进行定位的方式已经在网页设计领域广泛应用，所以在这里，使用 <div> 元素嵌套导航条。

打开 DreamweaverCS4 中的代码视图，在 <ul> 元素外层添加 <div> 元素，也就是将 <ul> 元素嵌套在 <div> 与 </div> 标签之间，如图 5-118 所示。

```
a:link,a:visited {
    font-family: "黑体", "宋体";
    font-size: 14px;
    font-weight: bold;
    color: #FFF;
    text-decoration: none;
    background-color: #CCC;
    text-align: center;
    display: block;
    padding: 5px;
    width: 80px;
}
a:hover,a:active {
    background-color: #900;
}
```

图 5-117　设置与链接有关的伪类

```
<body>
<div>
    <ul>
        <li><a href="#">首 页</a></li>
        <li><a href="#">学院概况</a></li>
        <li><a href="#">机构设置</a></li>
        <li><a href="#">教育教学</a></li>
        <li><a href="#">招生就业</a></li>
        <li><a href="#">国际交流</a></li>
        <li><a href="#">学科研究</a></li>
        <li><a href="#">师资队伍</a></li>
        <li><a href="#">校园文化</a></li>
    </ul>
</div>
</body>
```

图 5-118　使用 <div> 元素为导航条定位

下面，在 <div> 标签中使用 style 属性添加一个内联样式，设置 width 属性为 810px，margin 属性为 "0 auto"，如图 5-119 所示。

```
<div style="width:810px; margin:0 auto;">
```

图 5-119　设置 <div> 标签的内联样式

其中 width 属性之所以使用 810px 是因为每一个列表项设置的 block 的宽度为 80px，并且使用了 5px 的内边距，这样一个列表项实际上占据了 90px 的宽度，9 个列表项共占据 810px 的宽度。margin 属性的作用是让整个导航条在网页浏览器窗口中居中显示。

至此，整个导航条的制作基本完成，如果想将背景颜色变为背景图像，则只需要设置背景图像属性 back-ground-image 即可。如果想在其他网页中使用相同的导航条样式，只需要在网页中使用 <link> 标签对外部样式表进行链接即可。

3. 制作表格

使用 DreamweaverCS4 制作一个表格，表格的样式由 CSS 样式进行设定，最终表格显示效果如图 5–120 所示。

在 DreamweaverCS4 中，创建一个 7 行 3 列的表格，其中第一行为标题行，然后使用 CSS 分别定义表格的宽度、单元格的背景、文字颜色、字号大小等内容，具体制作步骤如下 ：

1）创建表格

在 DreamweaverCS4 中新建一个网页文件，选择“插入”菜单中的“表格”命令，打开“表格”对话框，在该对话框中设置表格行数为 7、列数为 3、表格宽度为 600 像素，边框粗细、单元格边距和单元格间距均设置为 0 像素，“标题”项中选择“顶部”，如图 5–121 所示。

点击“确定”按钮后在该表格的各个单元格中输入与完成图片相对应的文本内容，输入后显示效果如图 5–122 所示。

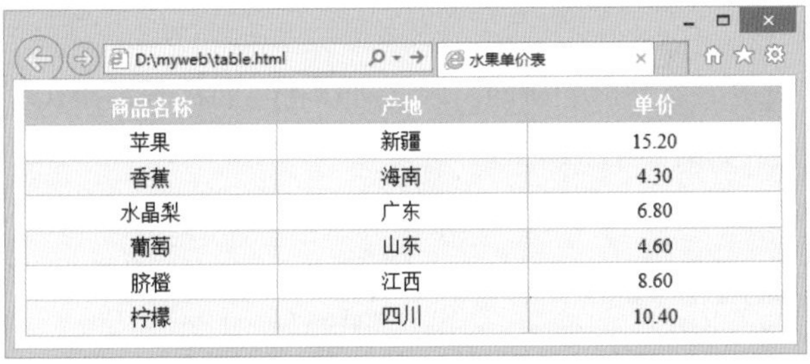

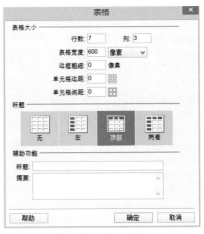

图 5–120　完成后的表格显示效果

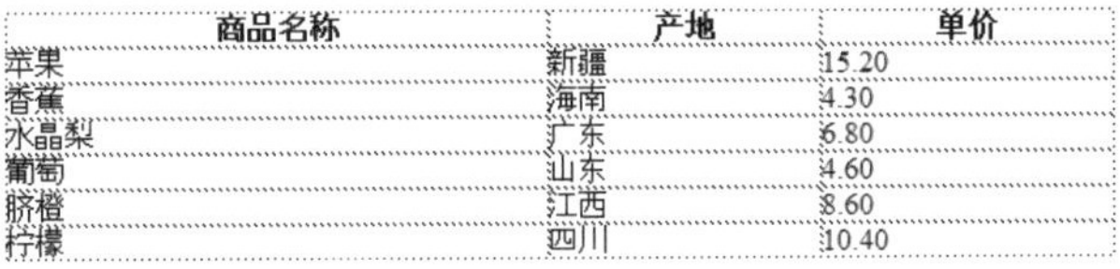

商品名称	产地	单价
苹果	新疆	15.20
香蕉	海南	4.30
水晶梨	广东	6.80
葡萄	山东	4.60
脐橙	江西	8.60
柠檬	四川	10.40

图 5–122　在表格中输入表格内容

图 5–121　插入表格

2）设置表格的 CSS 属性

新建 CSS 样式，在打开的“新建 CSS 规则”对话框中使用“类”选择器，在“选择器名称”项中输入名称为“fruitstable”，将“规则定义”选择为“仅限该文档”。点击“确定”后，设置“方框”分类中的 width 属性为“600px”。点击“确定”按钮后，完成表格宽度的设定，将会在 <style> 元素中添加 .fruitstable 样式，如图 5–123 所示。当然，也可以在 <head> 元素中直接输入这些代码。

3）设置单元格样式

外观看似相同的单元格，实际上包含 <th> 和 <td> 两种元素，需要对它们分别设置。

```
<style type="text/css">
<!--
.fruitstable {
    width: 600px;
}
-->
</style>
```

图 5–123　添加 .fruitstable 样式

将光标放置到单元格（如 ：苹果）位置，然后新建 CSS 样式，在打开的“新建 CSS 规则”对话框中使用“复合内容”选择器，在“选择器名称”项中输入名称为“.fruitstable td”，表示该样式只应用于使用了“fruitstable”

样式的 <td> 元素。同时将"规则定义"选择为"仅限该文档"。

点击"确定"按钮后，打开"CSS 规则定义"对话框，在该对话框中设置"类别"分类中的 font-size 属性为"16px"；设置"区块"分类中的 text-align 属性为"center"；设置"方框"分类中的 width 属性为"200px"，padding 属性中的 top 为"5px"、bottom 为"3px"、right 和 left 为"0px"；设置"边框"分类中的 style 属性为"solid"、width 属性为"thin"、color 属性为"#9C0"。设置完成后点击"确定"按钮。设置好的样式代码如图 5-124 所示。

将光标放置到"商品名称"位置，然后新建 CSS 样式，在打开的"新建 CSS 规则"对话框中使用"复合内容"选择器，在"选择器名称"项中输入名称为".fruitstable th"，表示该样式只应用于使用了"fruitstable"样式的 <th> 元素。同时将"规则定义"选择为"仅限该文档"。

点击"确定"按钮后，打开"CSS 规则定义"对话框，除了设置与 <td> 元素相同的样式规则外，还要将"类别"分类中的 color 属性设置为"#FFF"，"背景"分类中的 background-color 设置为"#9F0"，设置后如图 5-125 所示。

由图中可以看出，<th> 元素的样式除了比 <td> 元素的样式多出一个 color 属性和一个 background-color 属性以外，其他属性和对应的属性值均相同。因此可以将它们相同的样式写在一起，<th> 元素多出的样式再单独设置，如图 5-126 所示。

```
.fruitstable td {
    font-size: 16px;
    text-align: center;
    width: 200px;
    padding-top: 5px;
    padding-right: 0px;
    padding-bottom: 3px;
    padding-left: 0px;
    border: thin solid #9F0;
}
```

图 5-124 <td> 元素的样式

```
.fruitstable th {
    font-size: 16px;
    text-align: center;
    width: 200px;
    padding-top: 5px;
    padding-right: 0px;
    padding-bottom: 3px;
    padding-left: 0px;
    border: thin solid #9F0;
    color: #FFF;
    background-color: #9C0;
}
```

图 5-125 <th> 元素的样式

```
.fruitstable td, .fruitstable th {
    font-size: 16px;
    text-align: center;
    width: 200px;
    padding-top: 5px;
    padding-right: 0px;
    padding-bottom: 3px;
    padding-left: 0px;
    border: thin solid #9F0;
}
.fruitstable th {
    color: #FFF;
    background-color: #9C0;
}
```

图 5-126 同时定义 <th> 与 <td> 元素样式的代码

其中，第一行的".fruitstable td, .fruitstable th"表示下面大括号中定义的样式同时应用于 <th> 与 <td> 元素。而后面又对 <th> 元素中独有的样式进行了进一步的定义。

4）应用 fruitstable 样式

将光标放到表格内部的任意位置，在"状态栏"中选择 <table> 标签，如图 5-127 所示，这时会将整个表格选中。 

```
<body> <table> <tr> <td>          ▶ ✋ 🔍
```

图 5-127 在状态栏中选择 <table>

选中表格后，在属性面板中将"类"下拉列表选择为"fruitstable"，前面定义的样式即可应用到表格上，如图 5-128 所示。在浏览器中的显示效果如图 5-129 所示。

图 5-128　对表格应用"fruitstable"类

商品名称	产地	单价
苹果	新疆	15.20
香蕉	海南	4.30
水晶梨	广东	6.80
葡萄	山东	4.60
脐橙	江西	8.60
柠檬	四川	10.40

图 5-129　应用"fruitstable"样式后表格的显示效果

由图中可以看出，表格内部的边框比表格外部的边框要粗，这种情况是因为每一个单元格都具有自己的边框，两个单元格相交的地方，就会显示两条边框，要解决这个问题，需要在表格的 CSS 样式中添加"border-collapse"属性，并将其值设置为"collapse"。

border-collapse 属性称为"折叠边框"属性，用于是否将表格的边框合并为一个单一的边框，还是像其在 HTML 文档中那样分开显示。其共有 3 个属性值 separate、collapse 和 inherit。其中 separate 表示不合并，是 border-collapse 属性的默认值；collapse 表示如果可能，边框会合并为一个单一边框进行显示；inherit 表示从父级元素的 border-collapse 属性中继承。

border-collapse 属性在"CSS 规则定义"对话框中并没有对应的选项，因此需要手动在 fruitstable 样式中添加。打开"代码"视图，在 fruitstable 样式的大括号中手动输入代码"border-collapse：collapse；"，如图 5-130 所示。

再次预览该网页，整个表格边框的大小已经相同，如图 5-131 所示。

```
.fruitstable {
    width: 600px;
    border-collapse:collapse;
}
```

图 5-130　添加"border-collapse"属性

商品名称	产地	单价
苹果	新疆	15.20
香蕉	海南	4.30
水晶梨	广东	6.80
葡萄	山东	4.60
脐橙	江西	8.60
柠檬	四川	10.40

图 5-131　折叠边框后的显示效果

5）改变行背景

在最终完成的效果中，可以看到，表格数据区部分每隔一行使用相同的背景，这是改变行元素 <tr> 背景颜色的结果。

WEB DESIGN

新建 CSS 样式,在打开的"新建 CSS 规则"对话框中使用"类"选择器,在"选择器名称"项中输入名称为"trbgcolor",将"规则定义"选择为"仅限该文档"。点击"确定"后,设置"背景"分类中的 background-color 属性为"#EEF",点击"确定"按钮后新建的样式如图 5-132 所示。

在"设计"视图中,将光标放在需要改变背景颜色的行中,在状态栏中选择 <tr> 标签,在"代码"中就可以看到该行被反选。将光标放到该行代码的 <tr> 标签内,并为其添加 class 属性且值为"trbgcolor",如图 5-133 所示。

```
.trbgcolor {
    background-color: #EEF;
}
```

图 5-132　添加 trbgcolor 样式

```
<tr class="trbgcolor">
    <td>香蕉</td>
    <td>海南</td>
    <td>4.30</td>
</tr>
```

图 5-133　为 <tr> 元素应用 trbgcolor 样式

使用同样的方式,为其他需要更改背景颜色的行添加 trbgcolor 样式。

至此,本例制作完成。

5.3　综合项目实训

在本项目中,将制作一个关于家庭烹饪方法的网站首页,该网站称为"菜谱网",网站首页的样子如图 5-134 所示。本例将从站点的创建一步一步来完成该首页的制作。

图 5-134　本项目需要完成的首页

5.3.1 创建站点

一般在制作一个网站时，都会先创建一个站点，供网页制作过程中进行测试等一系列操作，同时也为整个站点的内容创建一个保存之处，即所有站点内的网页和使用的素材都应放到站点文件夹之内，这些网页和素材在链接使用时会自动形成相对于站点文件夹的相对目录，而与保存的绝对位置无关。

在 DreamweaverCS4 中创建站点，需要点击菜单"站点"–"新建站点…"命令，在弹出的"站点定义为"对话框中，填写站点的名称。站点名称是整个网站的名字，需要注意的是站点名称应使用英文，虽然在中文操作系统下使用中文站点名对编辑和预览不会产生什么问题，但是当站点上传远程服务器时，有可能会因为远程服务器不支持中文目录而产生错误。

在这里将站点名称填写为"cookbook"，点击"下一步"，对话框中询问是否打算使用服务器技术，由于我们创建的是静态网站，所以在这里选择"否，我不想使用服务器技术"，点击"下一步"。

设置"如何使用您的文件"，在这里选择第一项"编辑我的计算机上的本地副本，完成后再上传到服务器（推荐）"，并在下面设置文件在计算机上的储存位置。这个储存位置可以自定义填写，但要注意整个目录下不能有中文出现。这里将该目录设置为"D：\cookbook\"，这样将会在计算机 D 盘根目录下创建 cookbook 站点文件夹，设置如图 5–135 所示。

点击"下一步"后，将设置"如何连接到远程服务器"，这里我们先不进行连接，点击该项下拉列表选择为"无"。

点击"下一步"后将弹出站点信息，确认无误后点击下方"完成"按钮，即可完成站点的创建。

这时，在计算机 D 盘根目录下将会看到"cookbook"文件夹，并且在 DreamweaverCS4 中会自动打开"文件"浮动面板，并显示该站点为"cookbook"。"文件"面板中将同步显示站点文件夹中的所有内容，并且在这里可以直接新建和管理站点中的网页文件和素材。"文件"面板如图 5–136 所示。

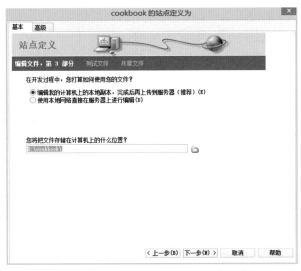

图 5–135 设置本地站点文件夹保存位置

图 5–136 "文件"浮动面板

5.3.2　制作首页

从首页完成图中可以看到，该页主要由上、中、下三个部分组成。上面的部分包括 banner 和导航条，中间部分是网页的主体部分，下面是版权信息部分。除了下面部分的版权信息不可再分以外，上面部分和中间部分的内容都可以继续细化。比如上面部分可以分为 banner 和导航条，而 banner 又可以分为左面的 LOGO 和右面的"登录"、"注册"、"联系我们"两个部分；中间部分也可以分成上下两个部分，这两个部分又分别使用了左、右两部分的结构等。

在这些部分的划分中，使用 <div> 元素来实现。但需要强调的是，一般是在没有其他符合区域意义的标签时才使用 <div> 标签进行区域划分，或者说 <div> 元素中应该包含不止一个其他标签元素时才使用，以免造成 <div> 元素的乱用。

下面是首页制作的具体步骤：

1. 创建首页并导入素材

在"文件"浮动面板中，使用鼠标右键单击"站点 –cookbook"，在弹出的右键菜单中选择"新建文件"命令，并将新建立的文件名更改为"index.html"，如图 5–137 所示。双击该文件名，即可在 DreamweaverCS4 中打开该文件。

将制作网页所需的素材，在 windows 资源管理器中直接复制到"cookbook"站点文件夹下，在"文件"浮动面板中点击 （刷新）按钮，即可在该面板中看到导入的素材列表，如图 5–138 所示。

图 5–137　创建首页文档　　　图 5–138　导入的 pic 素材

2. 制作 banner 与导航条

网页的上部区域是 banner 和导航条，这个区域使用一个 <div> 元素进行限定。将鼠标光标放在"设计"面板中，点击菜单"插入"–"布局对象"–"Div 标签"，在弹出的"插入 Div 标签"对话框中点击"新建 CSS 规则"按钮。在"新建 CSS 规则"面板中选择"类"选择器，并将其名称命名为"up"，"规则定义"项选择"仅限该文档"。点击"确定"按钮后设置该 CSS 中的 width 属性为"960px"，height 属性为"130px"，margin–top、margin–right、margin–bottom、margin–left 属性分别为 0px、auto、0px、auto，如图 5–139 所示。

点击"确定"按钮后可以看到在"插入 Div 标签"面板中的"类"项已经自动应用 up 样式。如图 5–140 所示，点击"确定"按钮，插入该 <div> 元素。

图 5-139　设置 "up" 元素的样式　　　　图 5-140　插入 <div> 元素

在"设计"视图中选中插入 <div> 元素时自动生成的文字并删除，再次插入一个新的 <div> 元素，并对其创建一个新的 CSS 样式，该样式使用"id 选择器"，名称为"banner"，并设置其 width 属性为"960px"、height 属性为"100px"。

选中创建 <div> 元素时创建的文本并删除，在"文件"浮动面板中拖动 logo.png 文件到放置 banner 的 <div> 元素区域中，logo.png 在"pic\logo\"目录下。在弹出的"图像标签辅助功能属性"对话框中，设置"替换文本"项为"菜谱网 LOGO"，点击"确定"按钮。这时，网站 LOGO 被插入到网页中。

下面对 LOGO 在 banner 区域中的位置进行设定。在"设计"视图中选中 LOGO 图像，在"CSS 样式"面板中新建 CSS 文档，使用"复合内容"选择器，这时"选择器名称"项会根据选中的内容自动填写，该内容为".up #banner img"表示该样式使用的是嵌套选择器，只对使用了 up 类样式的元素中 id 为 banner 元素中的 img 标签起作用。点击"确定"按钮后设置 float 属性为"left"、margin 属性为"5px"，并点击"确定"按钮。LOGO 则立即应用该样式。

在"代码"视图中，将鼠标光标放置到 <img> 标签的后面，输入如下代码：

<p> 联系我们 </p>

<p> 注册 </p>

<p> 登录 </p>

将鼠标光标放到 <p> 标签中，新建 CSS 样式，使用"复合内容"选择器，确认名称为".up #banner p"后，点击"确定"按钮，并设置 float 属性为"right"，margin-top 属性为"80px"、margin-right 属性为"16px"、margin-bottom 和 margin-left 属性均为"0px"。

当前使用的 CSS 样式代码如图 5-141 所示。

```
.up {
    height: 130px;
    width: 960px;
    margin-top: 0px;
    margin-right: auto;
    margin-bottom: 0px;
    margin-left: auto;
}
#banner {
    height: 100px;
    width: 960px;
}
.up #banner img {
    margin: 5px;
    float: left;
}
.up #banner p {
    float: right;
    margin-top: 80px;
    margin-right: 16px;
    margin-bottom: 0px;
    margin-left: 0px;
}
```

图 5-141　当前所使用的 CSS 样式

WEB DESIGN

```
.up #banner p a:link, .up #banner a:visited {
    font-size: 12px;
    color: #000;
    text-decoration: none;
}
.up #banner p a:hover, .up #banner p a:active {
    color: #F00;
}
```

图 5-142   控制链接显示样式的伪类代码

下面对 banner 中的文字设置链接样式，由于本例中并未进行其他页面的制作，所以这里的链接只输入一个 "#"，表示此处为链接，而不链接到具体的 web 页面。

设置 "登录"、"注册" 和 "联系我们" 为链接，在 "代码" 视图中，将光标放置到最后一个样式的右大括号后面，输入如图 5-142 所示 CSS 样式代码。

这段代码用来改变链接文本在不同状态的外观样式，由于使用嵌套选择器，所以只对在使用了 up 类样式的元素，同时 id 为 banner 元素内的 <p> 元素才有效。

Banner 制作后的效果如图 5-143 所示。

登录 注册 联系我们

图 5-143   banner 的显示效果

下面来制作导航条。导航条使用无序列表的方式进行制作。

在 "代码" 视图中，将鼠标光标放到 banner 的 <div> 元素的结束标签后，输入如下代码，并为每一个菜单项设置链接。

```
<ul>
    <li> 首页 </li>
    <li> 川菜 </li>
    <li> 粤菜 </li>
    <li> 湘菜 </li>
    <li> 鲁菜 </li>
    <li> 东北菜 </li>
    <li> 北京菜 </li>
    <li> 浙江菜 </li>
</ul>
```

将光标放到 <ul> 标签内，新建 CSS 样式，使用 "复合内容" 选择器，确认名称为 ".up ul" 后点击 "确定" 按钮，设置 list-style-type 属性的值为 "none"、margin 和 padding 属性的值均为 "0px"，并点击 "确定" 按钮。

将光标放到 <li> 元素的文字中，新建 CSS 样式，使用 "复合内容" 选择器，将名称更改为 ".up ul li a:link" 后点击 "确定" 按钮，设置 color 属性的值为 "#FFF"、font-size 属性的值为 "16px"、text-align 属性的值为 center、text-decoration 属性的值为 "none"、background-color 属性的值为 "#F00"、display 属性的值为 "block"、width 属性的值为 "120px"、height 属性的值为 "16px"、padding-top 和 padding-bottom 属性的值为 "7px"、padding-left 和 padding-right 属性的值均为 "0px"，点击 "确定" 按钮后，无序列表就按照导航条的样式进行显示。

将光标放到 "代码" 视图 ".up ul li a:link" 和该样式左大括号之间，输入一个英文逗号（,）

和 ".up ul li a : visited"，表示链接平常显示状态和访问后的显示状态使用同样的样式显示。

新建 CSS 样式，使用 "复合内容" 选择器，输入选择器名称为 ".up ul li a:hover, .up ul li a: active"，点击 "确定" 后，设置 color 属性的值为 "#FFF"、back-ground-color 属性的值为 "#C00"，并点击 "确定" 按钮。这样，当鼠标经过或者点击导航条链接时，链接的背景颜色将会改变为 "#C00"。

Banner 和导航条的部分已经制作完成，浏览器中的效果如图 5-144 所示。

图 5-144　banner 和导航条的显示效果

3. 制作网页正文内容部分

从成品图片中可以看到，导航条和版权信息之间的网页正文部分也分为上下两个部分，需要对其分别建立 <div> 元素，进行区域划分。

1）制作正文上半部分

在 "设计" 视图中的导航条下面的空白处单击鼠标，或者把鼠标光标放置到 "代码" 视图 </body> 标签之前，点击菜单 "插入"－"布局对象"－"Div 标签"，在弹出的对话框中单击 "新建 CSS 规则" 按钮，在 "新建 CSS 规则" 对话框中使用 "类" 选择器，并输入类名 "mainup"。点击 "确定" 按钮后更改 width 属性的值为 "960px"、height 属性的值为 "320px"、margin-top 属性的值为 "10px"，margin-left 和 margin-right 属性的值为 "auto"，并点击 "确定" 按钮。在 "插入 Div 标签" 对话框中应用 mianup 样式并在插入点插入 <div> 元素。

在 "设计" 视图中选中创建 <div> 元素时自动加入的文本并删除，再次插入一个 <div> 元素并应用 ".mainup-left" 样式。.mainup-left 样式在创建时使用的是 "类" 选择器，名称为 "mainup-left"，并设置其 border-top、border-left 和 border-bottom 属性的 sytle 为 "solid"、width 为 "1px"、color 为 "#CCC"，设置 padding-left 和 padding-right 属性的值为 "20px"，width 属性的值为 "279px"，height 属性的值为 "318px"，float 属性的值为 "left"。

mainup 与 mianup-left 样式的代码如图 5-145 所示。

将鼠标光标放置到 "代码" 视图刚创建的左侧 <div> 元素的 <div> 标签与 </div> 标签之间，输入如下代码：

```
<p> 凉菜 </p>
<ul>
    <li> 拌金针菇 </li>
    <li> 三丝芹菜 </li>
    <li> 手撕茄子 </li>
    <li> 凉拌木耳 </li>
</ul>
</div>
```

　　将鼠标放到上述代码的 <p> 标签中，新建 CSS 样式，使用"复合内容"选择器，确认名称为".mainup .mainup-left p"，点击"确定"按钮后设置 color 属性的值为"#F00"、font-size属性的值为 18px、margin 属性的值为"0px"、padding-top 属性的值为"10px"，clear 属性的值为"both"。

　　将鼠标光标放到上述代码 <ul> 标签内部，新建 CSS 样式，使用"复合内容"选择器，确认名称为".mainup .mainup-left ul"，点击"确定"按钮后设定 list-style-type 属性的值为"none"、margin 和 padding 属性的值均为"0px"。

　　将鼠标光标放到上述代码 <li> 标签内部，新建 CSS 样式，使用"复合内容"选择器，确认名称为".mainup .mainup-left ul li"，点击"确定"按钮后设置 font-size 属性的值为"14px"、text-align 属性的值为"left"、display 属性的值为"block"、float 属性的值为"left"、height 属性的值为"14px"、width 属性的值为"69px"、border-bottom-width 属性的值为"1px"、border-bottom-style 属性的值为"solid"、border-bottom-color 属性的值为"#CCC"、padding-top 属性的值为"7px"、padding-bottom 属性的值为"10px"、padding-right 和 padding-left 属性的值为"0px"。

　　设置好的 p、ul 和 li 标签选择器的样式代码如图 5-146 所示。

```
.mainup {
    height: 320px;
    width: 960px;
    margin-top: 10px;
    margin-right: auto;
    margin-left: auto;
}

.mainup-left {
    border-top-width: 1px;
    border-bottom-width: 1px;
    border-left-width: 1px;
    border-top-style: solid;
    border-right-style: none;
    border-bottom-style: solid;
    border-left-style: solid;
    border-top-color: #CCC;
    border-bottom-color: #CCC;
    border-left-color: #CCC;
    height: 318px;
    width: 279px;
    padding-right: 20px;
    padding-left: 20px;
    float: left;
}
```

图 5-145　mainup 与 mainup-let 样式代码

```
.mainup .mainup-left p {
    font-size: 18px;
    color: #F00;
    margin: 0px;
    padding-top: 10px;
    clear: both;
}

.mainup .mainup-left ul {
    margin: 0px;
    padding: 0px;
    list-style-type: none;
}

.mainup .mainup-left ul li {
    font-size: 14px;
    text-align: left;
    display: block;
    float: left;
    height: 14px;
    width: 69px;
    border-bottom-width: 1px;
    border-bottom-style: solid;
    border-bottom-color: #CCC;
    padding-top: 7px;
    padding-right: 0px;
    padding-bottom: 10px;
    padding-left: 0px;
}
```

图 5-146　设置好的 p、ul、li 标签
选择器样式代码

　　将列表项的内容制作链接，并将鼠标放到列表项内容中，新建 CSS 样式，使用"复合内容"选择器，将名称修改为".mainup .mainup-left ul li a：link, .mainup .mainup-left ul li a：visited"，点击"确定"按钮后设置 color 属性的值为"#000"、text-decoration 属性的值为"none"。

　　同样将鼠标光标放到列表项内容中，新建 CSS 样式，使用"复合内容"选择器，将名称修改为".mainup .mainup-left ul li a：hover, .mainup .mainup-left ul li a：active"，点击"确定"

按钮后设置 color 属性的值为"#F00"。

CSS 样式的代码如图 5-147 所示。插入的代码如图 5-148 所示。

```
.mainup .mainup-left ul li a:link, .mainup .mainup-left ul li a:visited {
    color: #000;
    text-decoration: none;
}
.mainup .mainup-left ul li a:hover, .mainup .mainup-left ul li a:active {
    color: #F00;
}
```

图 5-147　使用伪类设置链接样式

```
<p>凉菜</p>
<ul>
    <li><a href="#">拌金针菇</a></li>
    <li><a href="#">三丝芹菜</a></li>
    <li><a href="#">手撕茄子</a></li>
    <li><a href="#">凉拌木耳</a></li>
</ul>
```

图 5-148　设置完链接样式之后的
<p> 元素和 <ul> 元素代码

在"代码"视图中，选中上图中所示代码，复制并粘贴到这段代码的 </ul> 标签之后，用于修改制作第二组菜品链接。

复制后，将"凉菜"更改为"热菜"，并将四个列表项中的凉菜菜品名改为热菜菜品名，更改之后的代码如图 5-149 所示。由于代码中的 <p>、<ul> 和 <li> 等标签都已经通过标签选择器设置过 CSS 样式，所以后面加入的相似列表，将会以同样的方式进行显示。该代码的显示外观如图 5-150 所示。

```
<p>凉菜</p>
<ul>
    <li><a href="#">拌金针菇</a></li>
    <li><a href="#">三丝芹菜</a></li>
    <li><a href="#">手撕茄子</a></li>
    <li><a href="#">凉拌木耳</a></li>
</ul>
<p>热菜</p>
<ul>
    <li><a href="#">生爆鳝卷</a></li>
    <li><a href="#">照烧鸡翅</a></li>
    <li><a href="#">炸香椿鱼</a></li>
    <li><a href="#">鱼香肉丝</a></li>
</ul>
```

图 5-149　通过复制粘贴修改方式后制作的第二
组链接

凉菜

拌金针菇　　三丝芹菜　　手撕茄子　　凉拌木耳

热菜

生爆鳝卷　　照烧鸡翅　　炸香椿鱼　　鱼香肉丝

图 5-150　上述代码的显示效果

使用同样的方式加入另外三组菜品链接。由于最后一组下面具有 <div> 元素的边框，所以不需要列表文本再显示边框，需要对列表项中的 <li> 标签使用内联样式，并设置其 border-bottom-style 的值为"none"，由于内联样式具有最高优先级，所以该处就不会再显示边框了。整个 5 组菜品最终形成的代码如图 5-151 所示，图 5-152 为其显示样式。

左侧的部分基本制作完成，下面为右侧插入图像。在"代码"视图中，将鼠标光标放到上面 5 组菜品链接所在 <div> 元素的结束标签 </div> 的后面，回车换行后点击菜单"插入"－"图像"，在弹出的"选择图像源文件"对话框中，打开"pic"文件夹中的"main"文件夹，并选择其中的"main01.jpg"文件，点击"确定"按钮。在弹出的"图像标签辅助功能属性"面板中填写替换文本为"主菜品图"，并点击"确定"按钮。

首页正文的上半部分已经制作完成，下面开始制作下半部分。

2）制作正文下半部分

在"设计"视图中上半部分正文下面的空白处单击鼠标，或者把鼠标光标放置到"代码"视图 </body> 标签之前，点击菜单"插入"–"布局对象"–"Div 标签"，在弹出的对话框中单击"新建 CSS 规则"按钮，在"新建 CSS 规则"对话框中使用"类"选择器，并输入类名"mainbottom"。点击"确定"按钮后更改 width 属性为"960px"、height 属性为"690px"、margin–top 的值为"10px"，margin–left 和 margin–right 的值为"auto"，并点击"确定"按钮。在"插入 Div 标签"对话框中应用 mainbottom 样式并在插入点插入 <div> 元素。

在"设计"视图中选中创建 <div> 元素时自动加入的文本并删除，再次插入一个 <div> 元素并应用".mainbottom–left"样式。.mainbottom–left 样式在创建时使用的是"类"选择器，名称为"mainbottom–left"，并设置 width 属性的值为"720px"，height 属性的值为"690px"，float 属性的值为"left"。

mainbottom 与 mianbottom–left 样式的代码如图 5–153 所示。

```
<div class="mainup-left">
    <p>凉菜</p>
    <ul>
        <li><a href="#">拌金针菇</a></li>
        <li><a href="#">三丝芹菜</a></li>
        <li><a href="#">手撕茄子</a></li>
        <li><a href="#">凉拌木耳</a></li>
    </ul>
    <p>热菜</p>
    <ul>
        <li><a href="#">生爆鳝卷</a></li>
        <li><a href="#">照烧鸡翅</a></li>
        <li><a href="#">炸香椿鱼</a></li>
        <li><a href="#">鱼香肉丝</a></li>
    </ul>
    <p>主食</p>
    <ul>
        <li><a href="#">酱油炒饭</a></li>
        <li><a href="#">豆角焖面</a></li>
        <li><a href="#">双色花卷</a></li>
        <li><a href="#">韭菜薄饼</a></li>
    </ul>
    <p>甜点</p>
    <ul>
        <li><a href="#">葱香曲奇</a></li>
        <li><a href="#">枸杞布丁</a></li>
        <li><a href="#">芒果慕斯</a></li>
        <li><a href="#">宫廷桃酥</a></li>
    </ul>
    <p>汤羹</p>
    <ul>
        <li style="border-bottom-style:none"><a href="#">浓汤排骨</a></li>
        <li style="border-bottom-style:none"><a href="#">滋补鸡汤</a></li>
        <li style="border-bottom-style:none"><a href="#">玉米浓汤</a></li>
        <li style="border-bottom-style:none"><a href="#">芦笋浓汤</a></li>
    </ul>
</div>
```

图 5–151　5 组菜品链接的代码

图 5–152　5 组菜品链接的显示外观

```
.mainbottom {
    height: 690px;
    width: 960px;
    margin-top: 10px;
    margin-right: auto;
    margin-bottom: 0px;
    margin-left: auto;
}
.mianbottom-left {
    float: left;
    height: 690px;
    width: 720px;
}
```

图 5–153　mainbottom 和 mainbottom–left 样式代码

在"设计"视图中，选中创建 <div> 元素时自动添加的文字并删除，输入菜品分类名称"滋补养生"，按下回车键，在"文件"浮动面板中，分别拖动"pic\ health"目录下的四张图片到设计视图当前位置，并让四张图片在一行中排列，替换文本分别使用它们的菜品名称。拖入图片后，继续按回车键，在下一行输入第一张图的菜品名称："芙蓉扇贝"；回车后在新行输入第二张图的菜品名称："龙井虾仁"；依次类推，在后面两行分别写上"鳝鱼海鲜粥"和"铁锅羊排"。效果如图 5–154 所示。

下面使用 CSS 将它们进行布局。

在"代码"视图中，将鼠标光标放到这一组菜品标题（滋补养生）前的 <p> 标签中，新建 CSS 样式，使用"复合内容"选择器，将名称修改为".mainbottom .mianbottom–left .title"，点击确定按钮后设置 width 属性的值为"710px"、height 属性的值为"18px"、color 属性的值为"#FFF"、background-color 属性的值为"#F00"、margin 属性的值为"0px"、clear 属性的值为"both"、padding-top 和 padding-bottom 属性的值为"4px"、padding-right 属性的值为"0px"、padding-left 属性的值为"10px"，点击"确定"按钮完成创建。然后在 <p> 元素的"属性"面板中，将 CSS 选项夹中的"目标规则"项设置为"应用类"中的"title"，这样目标规则会自动设置为"层叠"样式".mainbottom .mianbottom-left .title"。CSS 样式代码如图 5-155 所示。

滋补养生

芙蓉扇贝
龙井虾仁
鳝鱼海鲜粥
铁锅羊排

图 5-154　第一组菜品素材添加后的状态

```
.mainbottom .mianbottom-left .title {
    height: 18px;
    width: 710px;
    padding-top: 4px;
    padding-right: 0px;
    padding-bottom: 4px;
    padding-left: 10px;
    color: #FFF;
    background-color: #F00;
    margin: 0px;
    clear: both;
}
```

图 5-155　.title 样式的代码

在"代码"视图中，将鼠标光标放到这一组菜品图片前的 <p> 标签中，即包含 4 个 <img> 元素的 <p> 标签中，新建 CSS 样式，使用"复合内容"选择器，将名称修改为".mainbottom .mianbottom-left .picgroup"，点击确定按钮后设置 width 属性的值为"720px"，height 属性的值为"160px"，margin 属性的值为"0px"，padding-top 属性的值为"6px"，padding-right、padding-left 和 padding-bottom 属性的值均为"0px"，点击"确定"按钮完成创建。然后在 <p> 元素的"属性"面板中，将 CSS 选项夹中的"目标规则"项设置为"应用类"中的"picgroup"，这样目标规则会自动设置为"层叠"样式".mainbottom .mianbottom-left .picgroup"。

在"代码"视图中，将鼠标光标放到这一组菜品图片的 <img> 标签中，新建 CSS 样式，使用"复合内容"选择器，确认名称为".mainbottom .mianbottom-left .picgroup img"，点击"确定"按钮后设置 border 属性的值为"1px solid #CCC"、margin-right 属性的值为"24px"、float 属性的值为"left"，点击"确定"按钮完成创建。完成后 <img> 元素即按此样式进行显示。

.picgroup 和 img 的 CSS 样式代码如图 5-156 所示。

需要注意的是，在完成图中可以看出，最终显示样式希望第四张图片不具有右外边距，否则会引起换行。所以，需要对第四张图片的 <img> 元素使用内联样式清除其右外边距。将鼠标光标放到第四张图的 <img> 标签中，使用 style 属性并将其值设置为"margin-right=0"，由于内联样式具有最高优先级，所以第四张图片的右外边距被清除，如图 5-157 所示。

```
.mainbottom .mianbottom-left .picgroup {
    height: 160px;
    width: 720px;
    margin: 0px;
    padding-top: 6px;
    padding-right: 0px;
    padding-bottom: 0px;
    padding-left: 0px;
}
.mainbottom .mianbottom-left .picgroup img {
    margin-right: 24px;
    border: 1px solid #CCC;
    float: left;
}
```

图 5-156　.picgroup 和 img 样式的代码

WEB DESIGN

```
<p class="picgroup">
    <img src="pic/health/frsb.jpg" alt="芙蓉扇贝" width="160" height="160" />
    <img src="pic/health/ljxr.jpg" alt="龙井虾仁" width="160" height="160" />
    <img src="pic/health/syhxz.jpg" alt="鳝鱼海鲜粥" width="160" height="160" />
    <img style="margin-right:0px" src="pic/health/tgyp.jpg" alt="铁锅羊排" width="160" height="160" />
</p>
```

图 5-157　使用内联样式清除第四张图的右外边距

在"代码"视图中，将鼠标光标放到这一组菜品名称前的 <p> 标签中，新建 CSS 样式，使用"复合内容"选择器，将名称修改为".mainbottom .mianbottom-left .picname"，点击确定按钮后设置 width 属性的值为"162px"、font-size 属性的值为"14px"、text-align 属性的值为"center"、float 属性的值为"left"、margin-top 属性的值为"6px"、margin-right 属性的值为"24px"、margin-bottom 属性的值为"16px"、margin-left 属性的值为"0px"，点击"确定"按钮完成创建。然后在 <p> 元素的"属性"面板中，将 CSS 选项夹中的"目标规则"项设置为"应用类"中的"picname"，这样目标规则会自动设置为"层叠"样式".mainbottom .mianbottom-left .picname"。picname 样式的代码如图 5-158 所示。

需要注意的是，和第四张菜品图片不需要右外边界的情况一样，它的菜品名也不需要右外边距，因此也需要使用内联样式清除它的右外边距，具体应用如图 5-159 所示。

至此，第一组"滋补养生"菜品已经添加并设置完成，在网页文档中的代码如图 5-160 所示。

下面开始添加第二组和第三组菜品。

```
.mainbottom .mianbottom-left .picname {
    float: left;
    width: 162px;
    margin-top: 6px;
    margin-right: 24px;
    margin-bottom: 16px;
    margin-left: 0px;
    text-align: center;
    font-size: 14px;
}
```

图 5-158　picname 样式的代码

```
<p class="picname">芙蓉扇贝</p>
<p class="picname">龙井虾仁</p>
<p class="picname">鳝鱼海鲜粥</p>
<p class="picname" style="margin-right:0px;">铁锅羊排</p>
```

图 5-159　使用内联样式清除第四张图片名称的右外边距

```
<p class="title">滋补养生</p>
<p class="picgroup">
    <img src="pic/health/frsb.jpg" alt="芙蓉扇贝" width="160" height="160" />
    <img src="pic/health/ljxr.jpg" alt="龙井虾仁" width="160" height="160" />
    <img src="pic/health/syhxz.jpg" alt="鳝鱼海鲜粥" width="160" height="160" />
    <img style="margin-right:0px" src="pic/health/tgyp.jpg" alt="铁锅羊排" width="160" height="160" />
</p>
<p class="picname">芙蓉扇贝</p>
<p class="picname">龙井虾仁</p>
<p class="picname">鳝鱼海鲜粥</p>
<p class="picname" style="margin-right:0px;">铁锅羊排</p>
```

图 5-160　第一组"滋补样式"菜品的 HTML 代码

在"代码"视图中,复制上图所示的代码,将鼠标光标放到上图最后一个 </p> 标签的后面,回车换行后进行粘贴,再次回车换行后再粘贴一次。也就是将上图中的代码在其下方复制出两遍,这样就添加了另外两组相同的菜品。由于样式都已设置完成,所以只需要在后两组中更改文字和图片即可。复制完成后在"设计"视图中的布局如图 5-161 所示。

图 5-161　复制完成后三组菜品的布局

在"设计"视图中,选中要更改的文本,删除后重新输入新的文本内容。选中需要更改的图片,在其属性面板中单击"源文件"项的"浏览文件"按钮，在打开的对话框中选择要更改为的图像,并点击"确定"按钮,同时更改其"替换文本"为对应菜品名称。具体过程在此不再赘述。需要注意的是,在更新文本时,多余的删除操作可能会影响网页外观与布局,所以在删除文本时一定多加注意,只把文本删除即可。

正文下半部分的左边部分已经制作完成,下面开始右边"快速登录"和"时令推荐"部分的制作。

将鼠标光标放置到"代码"视图中控制网页下部主体区域 <div> 元素的结束标签 </div> 前,点击菜单"插入"-"布局对象"-"Div 标签",在弹出的对话框中单击"新建 CSS 规则"按钮,在"新建 CSS 规则"对话框中使用"类"选择器,并输入类名"mainbottom-right"。点击"确定"按钮后更改 width 属性的值为"230px"、height 属性的值为"690px"、float 属性的值为"right"，并点击"确定"按钮。在"插入 Div 标签"对话框中应用 mianbottom-right 样式并在插入点插入 <div> 元素。

在"设计"视图中选中创建 <div> 元素时自动加入的文本并删除,再次插入一个 <div> 元素并应用".fastlogin"样式。.fastlogin 样式在创建时使用的是"类"选择器,名称为"fastlogin",并设置 width 属性的值为"228px"、height 属性的值为"128px"、border 属性的值"1px solid #F00"。

在"代码"视图中,将鼠标光标放在刚建立的 <div> 元素的结束标签 </div> 的后面,回车

```
.mainbottom-right {
    float: right;
    height: 690px;
    width: 230px;
}
.fastlogin {
    height: 128px;
    width: 228px;
    border: 1px solid #F00;
}
.recommend {
    height: 548px;
    width: 228px;
    margin-top: 10px;
    border: 1px solid #F00;
}
```

图 5-162　mianbottom-right、fastlogin 和 recommend 样式代码

快速登录

用户：

密码：

提交　提交

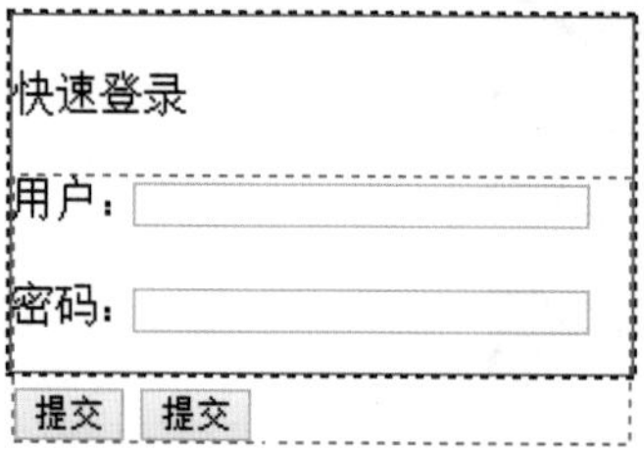

图 5-163　刚插入的表单元素

换行后插入新的 <div> 元素，并应用 ".recommend" 样式。该样式使用 "类" 选择器，名称为 "recommend"，并设置其 width 属性的值为 "228px"、height 属性的值为 "548px"、border 属性的值为 "1px solid #F00"、margin-top 属性的值为 "10px"。

mianbottom-right、fastlogin 和 recommend 样式代码如图 5-162 所示。

在 "设计" 视图的 "快速登录" 区域，即使用了 "fastlogin" 属性的 <div> 元素的区域，选中插入 <div> 元素时自动创建的文本并删除，输入新文本 "快速登录"。回车后，点击 "插入" 面板 "表单" 类中的 "表单" 项，然后依次插入两个 "文本字段" 和两个 "按钮"。其中两个文本字段各占一行，两个按钮在同一行。它们分别作为用户名输入、密码输入、登录和重置的功能元素。插入表单元素完成后的效果如图 5-163 所示。

下面对其外观进行设置。

在 "代码" 视图中，将鼠标光标放置到 "快速登录" 文本的 <p> 标签中，新建 CSS 样式，使用 "复合内容" 选择器，修改名称为 ".mainbottom .mainbottom-right .title"，点击确定按钮后设置 font-size 属性的值为 "16px"、color 属性的值为 "#FFF"、background-color 属性的值为 "#F00"、width 属性的值为 "218px"、height 属性的值为 "16px"、margin 属性的值为 "0px"、padding-top 属性的值为 "3px"、padding-bottom 属性的值为 "6px"、padding-left 属性的值为 "10px"，点击 "确定" 按钮完成创建。然后在 "属性" 面板中，将 CSS 选项夹中的 "目标规则" 项设置为 "应用类" 中的 ".title"，这样目标规则会自动设置为 "层叠" 样式 ".mainbottom .mianbottom-right .title"。.title 样式的代码如图 5-164 所示。

在 "代码" 视图中，将鼠标放置在 <lable> 标签外面的 <p> 标签中，新建 CSS 样式，使用 "复合内容" 选择器，修改名称为 "#form1 p"，表示为 "form1" 表单中的 <p> 元素设置样式。点击 "确定" 按钮后设置 font-size 属性的值为 "14px"，text-align 属性的值为 "center"，margin-top 属性的值为 "10px"，margin-right、margin-left、margin-bottom 属性的值均为 "0px"，点击 "确定" 按钮完成创建。样式代码如图 5-165 所示。

```
.mainbottom .mainbottom-right .title {
    font-size: 16px;
    color: #FFF;
    background-color: #F00;
    height: 16px;
    width: 218px;
    padding-top: 3px;
    padding-bottom: 6px;
    padding-left: 10px;
    margin: 0px;
}
```

图 5-164　.title 样式的代码

```
#form1 p {
    font-size: 14px;
    margin-top: 10px;
    text-align: center;
    margin-right: 0px;
    margin-bottom: 0px;
    margin-left: 0px;
}
```

图 5-165　form1 元素中 <p> 元素使用的样式

在"设计"视图的"时令推荐"区域，即使用了"recommend"属性的 <div> 元素的区域，选中插入 <div> 元素时自动创建的文本并删除,输入新文本"时令推荐"。回车后,点击菜单"插入"-"图像"命令，选择插入的图片并设置替换文本。"时令推荐"中图片素材在 pic 文件中的"recommend"文件夹内。插入图片后再进行回车换行，输入菜品的名称。随后依次再插入另外两个推荐菜品的图片和名称，插入后的效果如图 5-166 所示。

下面使用 CSS 对其外观进行设置：

选中标题"时令推荐"，在属性面板中的 CSS 选项夹中，设置目标规则为".title"，即对其使用 .title 样式。

选中菜品图片，新建 CSS 样式，使用"复合内容"选择器，修改名称为".recommend img"，表示为应用了".recommend"样式元素中的 <img> 元素更改样式。点击"确定"按钮后设置 border 属性的值为"1px solid #666"。

在状态栏中，使用鼠标选择 <img> 元素外层的 <p> 元素，新建 CSS 样式，使用"复合内容"选择器,修改名称为".recommend .pic",点击"确定"按钮后设置 text-align 属性的值为"center"，margin-top 属性的值为"9px"，margin-bottom 属性的值为"5px"，margin-left 和 margin-right 属性的值均为"0px"。设置完成后，将该样式应用于"时令推荐"区域内三个菜品图片外层的 <p> 标签。

在"设计"视图中的"时令推荐"区域内,选中菜品名称，新建 CSS 样式，使用"复合内容"选择器，修改名称为".recommend .name"，点击确定按钮后设置 font-size 属性的值为"14px"、text-align 属性的值为"center"、margin 和 padding 属性的值均为"0px"。设置好后为三个菜品图片下的菜品名称应用该样式。

"时令推荐"区域应用的样式代码如图 5-167 所示，该区域的显示样式如图 5-168 所示。

```
.recommend img {
    border: 1px solid #666;
}
.recommend .pic {
    text-align: center;
    margin-top: 9px;
    margin-right: 0px;
    margin-bottom: 5px;
    margin-left: 0px;
}
.recommend .name {
    font-size: 14px;
    text-align: center;
    margin: 0px;
    padding: 0px;
}
```

图 5-166　插入"时令推荐"　　图 5-167　"时令推荐"区　　图 5-168　"时令推荐"区域
区域的图片与文字　　　　域应用的样式代码　　　　设置完成后的外观效果

4.制作网页版权内容部分

在"代码"视图中,将鼠标光标放置到 </body> 标签之前,输入如下代码:

<p>Copyright © 2015 菜谱网 . All rights reserved.</p>

将鼠标光标放置到该代码的 <p> 标签处,新建 CSS 样式,使用"类"选择器,修改名称为".copyright",点击确定按钮后设置 font-size 属性的值为"12px"、color 属性的值为"#FFF"、background-color 属性的值为"#F00"、text-align 属性的值为"center"、height 属性的值为"30px"、width 属性的值为"960px"、margin-top 属性的值为"10px"、margin-bottom 属性的值为"0px"、margin-left 和 margin-right 属性的值为"auto"、padding-top 属性的值为"10px"。设置完成后对该 <p> 元素应用 .copyright 样式。.copyright 样式的代码如图 5-169 所示。

至此,菜谱网首页制作完成。

```
.copyright {
    font-size: 12px;
    color: #FFF;
    background-color: #F00;
    text-align: center;
    height: 30px;
    width: 960px;
    margin-top: 10px;
    margin-right: auto;
    margin-bottom: 0px;
    margin-left: auto;
    padding-top: 10px;
}
```

图 5-169　copyright 样式的代码

项目小结

本项目的目的在于让大家了解 HTML 语言和 CSS 层叠样式表的基本语法格式和使用方法。包括图片的使用、链接的制作、表格的使用、段落标记的添加、文本外观控制等。同时,介绍了如何在 Dreamweaver CS4 软件中综合应用 HTML 与 CSS 制作导航条和进行页面布局。

课后练习

1)制作动物保护网站首页;

2)制作品牌网站首页。

制作要求:

1)网页要具有 LOGO、banner、导航条等元素;

2)网页中各元素之间布局合理,色调统一,网页整体内容要综合使用文字、图片,做到图文并茂;

3)网页导航条使用无序列表和 CSS 制作。

学生作品：

1）动物保护网站，如图 6-170 所示。

2）学生作品：品牌网站，如图 6-171 所示。

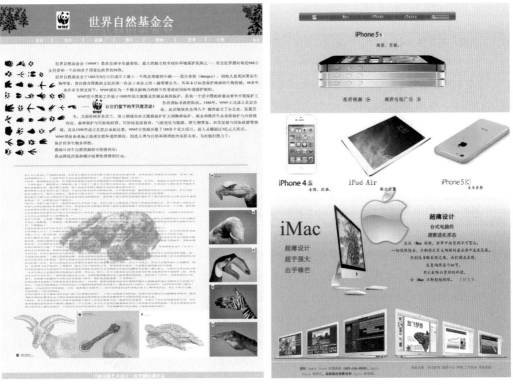

图 6-170 学生作品：动物保护网站　　　　　图 6-171 学生作品：品牌网站

WEB DESIGN

参考文献

[1]　杨敏，王英华 . 网页设计与制作 [M]. 北京：清华大学出版社，2011.

[2]　（英）未来出版社 .web 网页设计创意课 [M]. 叶小芳译 . 北京：电子工业出版社，2012.

[3]　（美）贾森·贝尔德 . 完美网页的视觉设计法则 [M]. 石屹译 . 北京：电子工业出版社，2011.

[4]　梁日升，杨杰 . 网页艺术设计 [M]. 北京：机械工业出版社，2011.

[5]　肖忠文，焦翔 . 网页艺术设计 [M]. 湖南：湖南大学出版社，2008.

[6]　黄玮雯 . 网页界面设计 [M]. 北京：人民邮电出版社，2013.

[7]　徐延章 . 美工与创意——网页设计艺术 [M]. 北京：科学出版社，2009.

[8]　潘群，吕金龙 . 网页艺术设计 [M]. 北京：清华大学出版社，2011.

[9]　潘鲁生 . 网页艺术设计 [M]. 山东：山东教育出版社，2012.

[10]　陈金梅，刘正宏 . 网页艺术设计 [M]. 北京：高等教育出版社，2010.

[11]　陈东生 .HTML+CSS 网页设计与布局从入门到精通 [M]. 北京：人民邮电出版社，2008.

[12]　（美）David Schultz，Craig Cook. 深入浅出 HTML[M]. 谢廷晟译 . 北京：人民邮电出版社，2008.

[13]　任昱衡 .HTML+CSS 网页设计详解 [M]. 北京：清华大学出版社，2013.

[14]　项宇峰 . 零点起飞学 HTML+CSS [M]. 北京：清华大学出版社，2013.

[15]　高吉和 .Dreamweaver CS4 网页设计与网站开发 [M]. 北京：中国建筑工业出版社，2010.

[16]　卓越科技 .Dreamweaver CS4 网页制作入门、进阶与提高 [M]. 北京：电子工业出版社，2010.